·超级思维训练营系列丛书·

心智的巅峰对决

XINZHI DE DIANFENGDUIJUE

田永强 ◎ 编 著

堪破他人心机 ——☆—— 闯荡他人城府

中国出版集团　现代出版社

图书在版编目(CIP)数据

心智的巅峰对决／田永强编著. —北京:现代出版社,
2012.12(2021.8 重印)

(超级思维训练营)

ISBN 978 – 7 – 5143 – 1004 – 7

Ⅰ.①心… Ⅱ.①田… Ⅲ.①思维训练 – 青年读物②思维
训练 – 少年读物 Ⅳ.①B80 – 49

中国版本图书馆 CIP 数据核字(2012)第 275890 号

作　　者	田永强
责任编辑	刘春荣
出版发行	现代出版社
通讯地址	北京市安定门外安华里 504 号
邮政编码	100011
电　　话	010 – 64267325　64245264(传真)
网　　址	www.xdcbs.com
电子邮箱	xiandai@cnpitc.com.cn
印　　刷	北京兴星伟业印刷有限公司
开　　本	700mm×1000mm　1/16
印　　张	10
版　　次	2012 年 12 月第 1 版　2021 年 8 月第 3 次印刷
书　　号	ISBN 978 – 7 – 5143 – 1004 – 7
定　　价	29.80 元

前　言

　　每个孩子的心中都有一座快乐的城堡,每座城堡都需要借助思维来筑造。一套包含多项思维内容的经典图书,无疑是送给孩子最特别的礼物。武装好自己的头脑,穿过一个个巧设的智力暗礁,跨越一个个障碍,在这场思维竞技中,胜利属于思维敏捷的人。

　　思维具有非凡的魔力,只要你学会运用它,你也可以像爱因斯坦一样聪明和有创造力。美国宇航局大门的铭石上写着一句话:"只要你敢想,就能实现。"世界上绝大多数人都拥有一定的创新天赋,但许多人盲从于习惯,盲从于权威,不愿与众不同,不敢标新立异。从本质上来说,思维不是在获得知识和技能之上再单独培养的一种东西,而是与学生学习知识和技能的过程紧密联系并逐步提高的一种能力。古人曾经说过:"授人以鱼,不如授人以渔。"如果每位教师在每一节课上都能把思维训练作为一个过程性的目标去追求,那么,当学生毕业若干年后,他们也许会忘掉曾经学过的某个概念或某个具体问题的解决方法,但是作为过程的思维教学却能使他们牢牢记住如何去思考问题,如何去解决问题。而且更重要的是,学生在解决问题能力上所获得的发展,能帮助他们通过调查,探索而重构出曾经学过的方法,甚至想出新的方法。

　　本丛书介绍的创造性思维与推理故事,以多种形式充分调动读者的思维活性,达到触类旁通、快乐学习的目的。本丛书的阅读对象是广大的中小学教师,兼顾家长和学生。为此,本书在篇章结构的安排上力求体现出科学性和系统性,同时采用一些引人入胜的标题,使读者一看到这样的题目就产生去读、去了解其中思维细节的欲望。在思维故事的讲述时,本丛书也尽量使用浅显、生动的语言,让读者体会到它的重要性、可操作性和实用性;以通俗的语言,生动的故事,为我们深度解读思维训练的细节。最后,衷心希望本丛书能让孩子们在知识的世界里快乐地翱翔,帮助他们健康快乐地成长!

目　录

第一章　知识的异彩

心智的巅峰对决

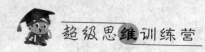

第二章　神奇的力量

心智的巅峰对决

第三章 推理在进行

心智的巅峰对决

第一章　知识的异彩

伤　口

一位富商暴死家中,警方立即赶到现场进行调查。

经过一番调查之后,警方惊奇地发现,死者除了在摔倒时将额头撞肿外,全身没有任何伤口,而且,在现场没有找到任何凶器。在死者身旁只有一个咬了一口的面包,推断死者是在吃这个面包时候遇害的。一个警察捏了一下面包,发现咬过的一端显得特别坚硬,这让人感到十分奇怪。

为了彻底查明死者的死因,警方要求对尸体进行解剖。根据解剖报告,证实死因确实是中毒,并且肯定毒药是由伤口渗入的,因为在死者的血液中发现了毒素,在胃里却什么也没有发现。

这使得警方感到困惑,死者身上并没发现伤口,毒药是怎么进入体内的呢?

参考答案

　　毒药放在被咬的面包上。凶手把糯米粉糊涂在面包一端，让面包变硬，再把毒药涂在上面，富商在吃面包时用力一咬，口腔就会被割伤，毒药便由此进入血液中。

夏日的午后

　　夏日一个星期天的下午，阳光明媚，3 个年轻人和他们的女朋友乘着各自的小船从斯托贝里出发到斯托河上游玩。根据下面的信息，你能说出每个男青年和女青年的姓名，以及每艘船的名字和类型吗？

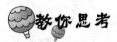

教你思考

1.麦克与女朋友借用了他爸爸的机动船,然而麦克的女朋友不是桑德拉。

2.露西和她的男朋友驾驶的船叫"多尔芬"。

3.夏洛特和她的男朋友驾驶一艘小游艇沿着斯托河巡游到考诺斯·洛克。

4.西蒙与女朋友在"罗特丝"船上度过了一个下午,他们的船不是人工划行的。

参考答案

因为麦克在机动船里(线索1),并且西蒙驾驶的"罗特丝"不是人工划行的(线索4),那么一定是小游艇,因此西蒙的女朋友是夏洛特(线索3)。由于和麦克一起在机动船上的女孩不是桑德拉(线索1),那么只能是露西,由此得出机动船的名字是"多尔芬"(线索2)。通过排除法,可知,剩下的巴里和桑德拉是乘着叫作"马吉小姐"的人工船出去的。

综上可知

巴里,桑德拉,"马吉小姐"是人工船。

麦克,露西,"多尔芬"是机动船。

心智的巅峰对决

西蒙，夏洛特，"罗特丝"是小游艇。

识破伪族谱

故事发生在广东省嘉应县太平乡李家村。一天村里来了一个自称李柏生的人，说是从江西特意回乡扫墓。当地的户主李松育认为自己没有这个亲属，不准他扫墓。于是双方发生了争执，而且状告到县衙。

县官宋永岳见双方各执一词，自己无法分辨真假，就让他们各自

拿出族谱来。双方的族谱都记载其祖母姓邱。但李松育的族谱只记邱氏只生一子名松；而李柏生的族谱却记载邱氏生育二子，长子名松、次子名柏。双方族谱都是明朝万历二年(1574)所编印，从墨迹来看都很古旧，不像伪造的样子，县官据此不能判断出谁是谁非。

于是，县官传讯了李家村的族人。族人中有的偏祖李松育，说邱氏只有一子，就是李松育的父亲李松，李柏生是假冒的；有的则帮助李柏生说话，说李松确有一个弟弟名柏，早些年迁居江西，李柏之子李柏生回乡扫墓也是合乎情理的。他们都以呈上的族谱为证。族谱上写的也都是明万历二年所立。

面对两份族谱，县官认真对比，仔细分析，终于发现了一个问题：即族谱上邱氏之"邱"字有的带有耳旁，有的则不带耳旁，即"丘"字。经过分类，凡帮助李松育的族人的族谱，都没有耳旁即"丘"；凡偏祖李柏生的族人的族谱，都是有耳旁即"邱"。此时县官在审理此案时心中就有了数。

在公堂上，县官先问李松育："你父亲原有一个叫柏的弟弟，你为何不认他的儿子？"

李松育则说："我父亲是独子，那江西来的柏生分明是假冒的，分明是看上了我们家的财产。"

县官又问："那你又怎么能证明柏生不是李家的子孙呢？"

李松育虽然不服，但是又无话可说。这时李柏生显得非常得意，诉说道："大人明鉴，李松育不让我扫墓祭祖，而且不认我为李家子孙，分明是想独霸李家财产！"

这时，县官掉转话题，突然问李柏生："你的族谱中为何在'丘'字上加有耳旁？"

李柏生斩钉截铁地说:"因为要避当今圣上的讳。"

县官点点头说:"不错,本朝圣上下旨,凡'丘'字都要加耳旁,以避皇上的名讳。看来有耳旁的'邱'字族谱是真的,凡没有耳旁的'丘'字族谱是伪造的。"

李柏生此时更加趾高气扬,指着李松育说:"他自己伪造族谱,还串通族人共同伪造族谱,真是是可忍,孰不可忍!"

李松育一听,当即气得脸色发白,但心中仍是不服。

谁知县官这时却指着李柏生说:"伪造族谱并且串通族人伪造族谱的是你,而不是他!"

这一声厉喝对李柏生来说好似晴天霹雳,他忙磕头不止:"大老爷明鉴——"

在县官的分析下,李柏生只好承认了自己伪造族谱的事实。

县官为什么会肯定李柏生的族谱是伪造的呢?

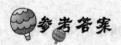参考答案

族谱是明朝万历二年(1574)所修,避讳是后来的事,李柏生的祖先无论如何也不能事先预知要避讳。

游轮上倒挂的日本国旗

"维多利亚"号美国豪华游轮首次出航日本。"维多利亚"号是金融界大亨爱德华花了5000万美元,向荷兰造船厂订购的。这艘豪华

游轮有三层舱体和双层甲板，船长 320 英尺，可以让 100 名尊贵的宾客享受舒适、豪华的旅程。

爱德华邀请了世界金融界大亨们乘坐"维多利亚"号远航日本，去品尝美味的鲑鱼和生鱼片大餐。这艘"游艇之王"受到大亨们的高度赞赏，法国一家著名金融集团总裁德约尔甚至用嫉妒的语气说，能成为此艘轮船的拥有者，真是人生的一大美事。

听到此话后爱德华得意地笑了，同时他还告诉大家现在已经驶入日本海域。众人听到已经来到日本领海，纷纷踏上甲板，想一睹这岛国的异域风光。让他们没想到的是，别说举世闻名的富土山，连一丁点陆地都看不到。

由于没看到什么独特的风景，大家又都回到客厅，谈论起如何投资才能更好地获益的问题。突然，德约尔大叫起来，他随身的公文包不见了！

众人听到叫声全都围了过来，大家都清楚公文包丢失对一个总裁来说意味着什么，那里面不仅会有大量现金、信用卡和空白支票，还会有很多机密资料和信息，这些信息的价值是无法估量的。

爱德华非常生气，他叫来船上所有的警卫，下决心要找出嚣张的窃贼。经过仔细回忆，在场的每个人都互相证明了自己刚才都在甲板上。这说明，偷走公文包的人只可能是船上的船员。

爱德华马上叫来了船上的 5 名船员一一询问。船长说，刚才他在驾驶舱里一直没离开过，有录像可以证明；技术师说他一直在机械舱里保养发动机，好让发动机能一直保持 37 节的速度，可是没人可以作证；电力工程师对爱德华说，他刚才在顶层甲板上更换了日本国旗，挂上去后才发现国旗挂反了，于是又重新挂了一次，有国旗可以作证；还

有两名船员说他们在休息舱里打牌,互相可以证明。

爱德华听完后,立刻指出了其中有一个人在撒谎,并且让他把公文包交出来。聪明的读者,你知道谁在撒谎吗?

参考答案

电力工程师在撒谎。日本的国旗是白底加太阳的图案,没有正反的区别,更别说出现挂反了这种事情。由此看出,电力工程师根本没有重新挂国旗,他有充足的作案时间。

23：00 如白昼般的月光

林肯在出任美国总统之前,曾当过律师。

有一天,林肯突然得知自己亡友的儿子约翰被人陷害谋财害命。陷害者为了诬陷约翰,还用大笔金钱收买了一个叫杰威尔的证人。证人硬说自己亲眼看到了约翰谋财害命。由此,已经初判有罪。

在复审案件的时候,林肯以被告的辩护律师的身份出现在法庭上。

林肯看了一眼故作镇静的杰威尔,说:"杰威尔先生,请您把证言清楚说一遍。"

杰威尔看到林肯为约翰出庭辩护,心里十分恐慌。但他已被别人雇用,只得假装正经地说:"10月18日(相当于我国农历九月初八或初九)晚上23：00,我在月光下清楚地看见约翰用枪击毙了死者。"

于是,按照美国法庭的惯例,被告的辩护律师和原告证人进行了一场面对面的对质。

林肯:"你发誓说看清了那个人是约翰?"

杰威尔:"对。"

林肯:"你在草垛东面,而约翰在草垛西边的大树下,两处相距二三十米,能看清楚吗?"

杰威尔:"看得很清楚,因为月光如昼。"

林肯:"你肯定不是从衣着方面认出的吗?

杰威尔:"当然不是,我肯定看到了他的脸庞,因为月光正照在他的脸上。"

林肯:"你能肯定时间在 23:00 吗?"

杰威尔:"能肯定,因为当时我回屋里看了座钟,那时是 23:15。"

杰威尔的话音刚落,林肯就站起来大声宣布:"我不得不告诉大家,这个证人是个彻头彻尾的骗子!"

法庭上的人们为之惊讶。于是,林肯当着众人的面说出杰威尔作了伪证。福尔逊吓得目瞪口呆,浑身发抖,只好在众人的一片咒骂声中,承认了自己是被原告收买来陷害被告的。这样,约翰被无罪释放,而原告诬陷他人的罪行反倒被确认。从此,林肯成了全美国颇有名望的律师。

林肯是怎样揭穿杰威尔作伪证的呢?

 参考答案

林肯首先指出,10 月 18 日晚应是上弦月,月亮到 23:00 时已经

下山了,是没有月光的。林肯又指出,即使证人记的时间不准,就算月亮还没有下山,但那时的上弦月也是在西方。而约翰的脸如果朝西,月光可以正好照到他的脸上,而在草垛东边的杰威尔却不可能看到;如果约翰的脸朝东,那么月光就只能照在他的后脑勺上,杰威尔怎么能看到月光照在他的脸上呢?所以,林肯据此断定福尔逊是在作伪证。

能作证的花粉

夏天的一个中午,奥地利首都维也纳警察局突然闯进一位中年妇女,说她丈夫失踪了,并提供线索:一个星期前,丈夫同他的朋友维克多外出旅行。

警官随即询问维克多。维克多说:"我们是沿着多瑙河旅行的。3天前,我们住在一家旅馆的同一间房子里,他告诉我要出去办点事儿,谁知一去3天也没有回旅馆。他到底上哪儿去了,我也不清楚。"

警官立即根据维克多提供的旅馆名字挂了电话。对方答:"维克多昨天已离店,与维克多同住一室的旅客没有办理过离店手续,人也没有见到。"

警察局派出几十名警察,根据失踪者妻子提供的照片分头寻找,但是,找了几天仍然毫无踪影。警方估计,报案者的丈夫可能已经被人杀害。想要侦破此案,必须先找到被害者的尸体。于是,警方派出直升飞机到附近的山林里去搜寻,又派出汽艇在多瑙河里打捞。可是到头来白忙了一场。于是警方分析,被害者的尸体可能被抛在十分偏

僻的地方,而度假的人不会只身去偏僻的地方,必定是被一个关系非常要好的人骗到了那里。维克多是此案的重要嫌疑人。

　　但维克多矢口否认自己与此案有关。既无口供,又无物证,警方只得暂时拘留维克多。

　　警官的一位好友是知名的生物学家,答应帮忙破案。经过几天的忙碌,他对警官说:"老朋友,被害者的尸体可能就在维也纳南部的树林里,你快带人去找吧!"警官带着警察来到了南部的树林里,在一块水洼地里果然发现了一具男尸,经检验,的确是那个失踪者。死者的颈脖上有几条紫色伤痕,可以肯定是被凶手掐死的。

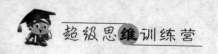
审讯开始了。警官厉声喝问:"维克多,有人告发你,是你把朋友骗到维也纳南部的树林里杀了,快交代你的犯罪经过!"

维克多冷笑道:"请证人来与我对质!"

生物学家指了指证人席上的小玻璃瓶子说:"证人在那里!它是装在瓶里的花粉!也就是从你皮鞋上的泥土里取来的花粉。"

"花粉?它怎么能证明是我犯了罪……"

"花粉是裸子植物和被子植物的繁殖器官,体积很微小,要借助显微镜才能看到。而且不同种的植物,它们的花粉形状也不同。我们化验了从你鞋子上的泥土里取来的花粉……"在生物学家的陈述下,维克多终于无话可说,承认了自己犯的罪。原来,维克多的朋友这次外出旅行,带了不少美元,维克多就见财起意,把他诓骗到南部的树林里掐死了,并弃尸于水洼。

那么生物学家到底是怎么根据花粉就断定凶手就是维克多的呢?

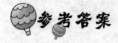
参考答案

生物学家发现那花粉是桤木、松树和存在于三四千万年前的一些植物的粉粒,只有在维也纳南部的一个人迹罕至的水涝地区才有。

走错房间的小伙子

夏威夷是一个风景如画的地方,每年来这里度假的人络绎不绝。

米莱探长今年也来这里度假,他住在海边一家4层楼的宾馆里。

这家宾馆三、四两层全是单人间,他住在404房。

这天,游玩了一天的米莱吃了晚餐便回到房间,想洗个热水澡,然后早点休息。正当他走进浴室准备放水时,听到了两声"笃笃"的敲门声,米莱以为是敲别人的房门,没有理会。一会儿一位陌生的小伙子推开房门,悄悄走了进来。原来米莱的房门没有锁好。

小伙子见到米莱后有些惊慌,但很快反应过来,有礼貌地说:"很抱歉! 我走错房间了,我住在304。"说着他摊开手中的钥匙让米莱看,以示他没说谎。米莱笑了笑说:"没事,这是常有的事。"

小伙子走后,米莱马上给宾馆保安部打了电话:"请马上拿下304房的客人,他正在四楼作案。"保安人员迅速赶到四楼,抓住了正在行窃的那个小伙子,还从他身上和房间里搜出了首饰、皮包、证件、大笔现钞和他自己配制的钥匙。

保安人员不解地问米莱:"探长先生,你怎么知道他是窃贼?"米莱笑了笑说:"等我洗完热水澡后再告诉你!"

你知道这是为什么吗?

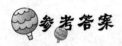参考答案

小伙子在的敲门时就露出了破绽。因为三、四两层全是单人间,任何一个房客走进自己房间时,都不会先敲房门的。

报 案 人

警察局接到一个报案电话,皮里斯警长赶忙带着人赶到现场。报案者 A 说:"今天晚上我值班。大约一刻钟前突然停电,一伙人冲了进来。他们直奔财务室,撬开保险柜,偷走了里面的 300 万美元和经理放在里面的'劳力士'金表。他们刚走,我马上给您打了电话。"

皮里斯警长问:"那么,请问您当时在什么地方?"

A 说:"我看见他们有很多人,很害怕,就躲在储藏室里了。"

皮里斯警长又问:"那些人有什么特征吗?"

A 说:"我看到了,他们一共有 6 个人,为首的好像脸上有道疤。因为他手里拿着手电筒,当手电光从门缝射进来时,我借着手电光一眼就……"

他还没有说完,皮里斯警长就打断他说:"你说谎的本领也太不高明了,窃贼分明就是你。"

那么,皮里斯警长为什么这样说呢?

参考答案

A 就是罪犯,因为既然停电肯定是漆黑一片,A 又怎么能知道失窃的具体东西和钱数呢?另外,当手电筒的光射进门缝时,A 如果向外看,是什么也看不见的。那么,他说的准确看到抢劫者脸上的疤痕是不可能的。

追溯祖先

　　来自得克萨斯州的罗维是一位热心于研究家族历史的人，他把大量的业余时间都用于追溯他的祖先。到目前为止，他已经追溯到了17世纪，但当他研究那个时期从英格兰移民到新大陆的 4 个男性祖先的具体情况时遇到了一些麻烦。根据下面的信息，你能找出每位祖先的名字、职业和各自的家乡及移民去美国的时间吗？

教你思考

1. 杰贝兹·凯特力是德文郡南部的一个小乡村里出生长大的。

2. 一个铁匠是在 1647 年移民美国，但是他不是来自柴郡。

3. 亚伯·克莱门特是在 1644 年移民的。

4. 军人迈尔斯·罗维在美国工作，主要是负责保护殖民地居民免受印第安人的欺负。

5. 在诺福克出生的那个人是四人中第一个离开英国的，他不是木匠。

6. 木匠比农民早 3 年移民到美国，但这个木匠不是泰门·沃丝皮。

参考答案

　　农民不是在 1638 年(线索 6)或者 1641 年(线索 5 和 6)移民，铁匠在 1647 年移民(线索 2)，那么他一定是在 1644 年离开的英国，由此可以知道他就是亚伯·克莱门特(线索 3)。根据线索 6 推测，木匠在 1641 年离开的英国，通过排除法，来自诺福克并在 1638 年移民(线索 5)的人就是军人迈尔斯·罗维(线索 4)。木匠不是泰门·沃丝皮(线索 6)，那他就是来自德文郡的杰贝兹·凯特力(线索 1)，排除方法得出泰门·沃丝皮是 1647 年离开的铁匠，他不是来自柴郡的(线索 2)，而是肯特。柴郡是农民亚伯·克莱门特的家乡。

1644 年是亚伯·克莱门特,农民,柴郡。

1641 年是杰贝兹·凯特力,木匠,德文郡。

1638 年是迈尔斯·罗维,军人,诺福克。

1647 年是泰门·沃丝皮,铁匠,肯特。

大画家亲手画的素描

张某正向富商王某推销一幅据说是某著名大画家创作的名画。他对王某说:"我父亲和大画家是交往多年的好友。8 年前,大画家和我的父亲在旅行中遇到暴风雪。大画家不小心摔坏了踝关节,大雪掩埋了他的画具,一连几天气温在零下几十摄氏度。我父亲把他背进一个废弃的简陋木屋里,用自己的两只手套堵住窗户上的破洞。大画家感到自己伤势很重,挺不了多久,便叫我父亲在橱中找到一支旧钢笔和一瓶墨水,亲手为我父亲匆匆画了一张素描后就死了。这张素描至少值 300 万元。"

听完这写话后,富商王某说:"1 块钱我也不会买一幅这样的画作。"

王某为什么要这样说,他怎么知道这幅画是仿制品呢?

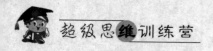

参考答案

如果按照张某所说,一连几天,气温都在零下几十摄氏度,木屋的窗户上又有破洞,这样的话,屋里的墨水早就冻成冰块了,不可能马上作画。所以,王某说的是谎话。

准确的案发时间

著名画家莱特独自去野外写生,却不料遭到了匪徒的劫持,他本人被杀害。案发现场在一个小溪边,办案人员在现场发现了他的画夹、画笔等物品。画夹上只画了几朵盛开的牵牛花,画笔等器具却扔得满地都是。看到这些,刑侦队长很快就判断出了案发时间。

案子侦破以后,证明刑侦队长的判断是正确的。那么他的依据到底是什么呢?

参考答案

案发时间是早上9点之前。刑侦队长是根据旁边盛开的牵牛花。因为牵牛花开花的时间是早上9点以前,而9点以后,牵牛花就凋谢了。

礼　物

拉姆 14 岁生日那天收到了 4 个信封，每个信封内都有一张购物优惠券。根据下面的线索，你能否猜出每封信的寄信人姓名、优惠券发行方及每张优惠券的面值吗？

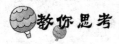

1. Ten－X 所发行的优惠券的面值比旁边 C 信封里优惠券的面值

心智的巅峰对决

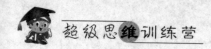

要小,而且不仅仅只是小5。

2.理查德叔叔寄来的优惠券存在B信封内,其面值比HBS发行的优惠券小5。

3.马丁叔叔寄来的Benedam的优惠券不在D信封内。

4.最有价值的优惠券是卡罗尔阿姨寄来的,但不是WS Henry发行的优惠券。

5.丹尼斯叔叔寄来的礼物不是最便宜的。

寄信人:卡罗尔阿姨,丹尼斯叔叔,马丁叔叔,理查德叔叔

代币发行方:Benedam,HBS,Ten－X,W S Henry

代币价值:5、10、15、20

提示:先找出卡罗尔阿姨的优惠券发行方。

参考答案

已知马丁叔叔送给拉姆的礼物是 Benedam 的优惠券(线索3)。而卡罗尔阿姨的面值为20的优惠券不是WS Henry发行的(线索4),线索1又排除了Ten－X,最后得出它属于HBS公司。从线索2可以知道,B信封内的理查德叔叔所送的礼物面值为15。由于丹尼斯叔叔送给娜塔莎的礼物不是面值为5的优惠券(线索5),那么可以知道它的面值是10,面值为5的是马丁叔叔送的由Benedam发行的优惠券。又因为后者不在C信封内(线索1),也不在D信封内(线索3),而是在A信封内。所以我们现在已经知道A和B信封内的代币价值。根据线索1,面值为10的优惠券不在C信封内,因此C信封内的是卡罗尔阿姨所送的由HBS发行的面值为20的代币。根据线索1也可以知

道，Ten - X 的优惠券的面值一定为10，并且在 D 信封内。最后通过排除法，B 信封里是理查德叔叔所送的面值为 15 的 WS Henry 的优惠券。

他杀的结论

停车场的管理员老李向警局报案说，看见停车场的某辆车里有人死亡。警察赶到现场，快速展开调查，查出死者姓王。法医进行检查，并向重案组组长汇报了重要的情况。他说："王姓死者是被枪杀的，子弹射穿了他的右太阳穴。在汽车加速器踏板旁有一支手枪。车子内外毫无污痕。"

勘察组组长也向重案组组长汇报："我们在车子周围20英尺以内的地面进行过搜索，仅找到两颗葡萄核和一只生锈的铁钉。手枪上只有死者的指纹，尸检证实枪伤周围有火药烧伤。他的嘴里和胃里都有鲜樱桃。"

重案组组长听完他们的汇报，然后说："我认为他不是自杀，而是在某地被害后，罪犯移尸到停车场的。"

组长的这个结论是不是正确呢？他是怎样得出这个结论的呢？

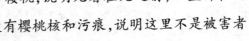参考答案

死者的嘴里和胃里都是鲜樱桃，说明死者在死之前，一直都在吃樱桃。又因为车里和地上都没有樱桃核和污痕，说明这里不是被害者

被害的第一案发现场。

说谎的是谁

阿森警长正闲步街头，突然听到一声枪响，只见不远处有一位老人跌向房门，顺势倒了下去。警长和街上仅有的两个人先后跑了上去，发现老人背部中弹，已经死亡。

阿森警长望见这两个人都戴着手套，便问他们刚才在做什么。

甲说："我望见这位老人刚要锁门，枪一响，他应声而倒，我便立刻跑来。"

乙说："我听到枪声不知发生了什么事，看到你们俩往这儿跑，我就跟着跑了过来。"

钥匙还插在房门上的锁眼里。警长打开锁，走进房间，打电话报案。警方人员来了以后，警长指着一个人说："把他拘留讯问。"

你能猜出谁被拘留了吗？

参考答案

阿森探长拘留的是甲。甲知道被害人当时是在锁房门，而不是在开门，说明他在不停地窥视这座房子，就连被害者是要离开还是要进屋这样的细节都弄得很明白。

哪里有破绽

农场主约拿准备邀请朋友来家里共进晚餐。他说要做一道特色菜,让老婆和车夫去接朋友,自己在家里准备饭菜。

不料,当老婆同车夫把朋友接到家里时,约拿已经被人枪杀。老婆一见惨状当场就晕了过去。警察来到现场,急忙查着遗体,确认行刺案发生在约一个小时前。

警长接着检查现场,发明一个烤盒里有些无焰的炭块,上面烤着牛肉,托盘、刀叉、作料散放在一边。这时,一个年轻人从门前经过,警长叫住了他。这个年轻人自称是农场主的邻居,听到一声尖叫以后,跑过来看看发生了什么事情。

警长问年轻人,一个小时之前他在什么地方。年轻人回答,在离农场不远的一个工厂里散步。还没有说完,他就望见炭块里有个金属制品,他赶快伸手从炭块里将东西捡了出来。那是个烤得发黑的耳环。

警长看着耳环对他说:"年轻人,跟我到警察局走一趟吧。"

警长为什么要这样说呢?

参考答案

这个年轻人说自己是刚到现场,但是他却知道炭火已经不烫了,于是他才伸手进去把烤黑的耳环捡出来。所以,这个年轻人在说谎。

电视新风格

在格林·卡罗琳制作的广受欢迎的电视节目《时尚改装》中，很多夫妇通过一位资深室内设计师的帮助，重新设计了他们的朋友或邻居的房子。下面详细描述了5对夫妇的信息，你能猜出每位设计师和哪对夫妇搭档，以及他们将要改装什么样的房间，并且选择了什么样的新风格吗？

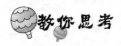

教你思考

1.利萨和约翰不是跟梅·克文或刘易斯·劳伦斯·贝林搭档,梅·克文不会要求改装起居室,也不会喜欢使用哥特式风格。

2.刘易斯·劳伦斯·贝林不会装修餐厅是因为他所喜欢的墨西哥风格无法应用于餐厅的装修。

3.艾玛·迪尔夫将会把一个房间设计成维多利亚风格,但他设计的不是卧室。

4.雷切尔·雷达·安妮森装修的是厨房。起居室被改装成了墨西哥风格。

5.休和弗兰克将相互协作着把房间设计成前卫时尚的未来派风格,但是他们不打算装修餐厅。

6.林恩和罗布是与设计师贝琳达·哈克合作,但是海伦和乔治装修的是浴室。

参考答案

已知起居室将被改装成墨西哥风格(线索4)。因为餐厅不是海边或维多利亚风格(线索2),也不是休和弗兰克想要的未来派风格(线索5),那么一定是哥特式的。已知艾玛·迪尔夫将设计具有维多利亚风格的房间(线索3),但不是厨房,因为厨房是雷切尔·雷达·安妮森来装修(线索4),也不是卧室(线索3),因此一定是浴室。她会得到海伦和乔治的帮助(线索6)。因为林恩和罗布将会帮助设计师贝琳达·哈克(线索6),并且利萨和约翰所帮助的不是梅·克文或刘易斯·劳伦斯·贝林(线索1),由此得出他们是和雷切尔·雷达·安妮森一起改装厨房。通过排除法,他们选择了海边风格。同理用排除法可以得出,休和弗兰克将帮忙改装卧室。因为梅·克文不改装餐厅,并且不使用哥特式主题,也不改装起居室(线索1),那她一定是与休和弗兰克一起改装卧室。已知改装餐厅不是刘易斯·劳伦斯·贝林的计划(线索2),而是林恩和罗布以及贝琳达·哈克的,排除法得出,刘易斯·劳伦斯·贝林和琼、基思一起工作,并且他们计划把起居室改装成墨西哥风格。

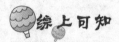 综上可知

海伦和乔治,艾玛·迪尔夫是浴室,维多利亚风格。

琼和基思,刘易斯·劳伦斯·贝林是起居室,墨西哥风格。

利萨和约翰,雷切尔·雷达·安妮森是厨房,海边风格。

林恩和罗布,贝琳达·哈克是餐厅,哥特式风格。

休和弗兰克,梅·克文是卧室,未来派风格。

自作聪明的偷猪贼

王升刚到某县做县令,就遇到了这样一个案子:一天,一个名叫李甲的人揪着自己的邻居钱某来到县衙,说是钱某将他家的猪偷走了。

钱某立刻向县令王升辩解道:"老爷,这根本是冤枉我。偷猪人偷

猪时总是将猪背在肩上,但是您看我瘦骨嶙峋,手无缚鸡之力,怎样扛得动那60多斤重的猪呢?"

钱某说话时,王升打量了他一下子,然后说:"对,确实如此。可怜你家境贫苦,今赏你10贯钱,回家好好做点小本买卖吧。"

听完县太爷的这番话,钱某喜不自禁,连连叩头致谢。当他弯腰将那堆铜钱套在肩上,站起就要走时,王升突然大喝一声,判了他的罪。

这到底是怎么回事呢?

参考答案

王升对钱某说:"这10贯钱还不止60斤呢,你都能轻松拿起来放到肩膀上,那60多斤重的猪对你来说又算什么呢?而且,我根本没有问你偷猪的要领,你本身就讲出来了,可见你对偷猪的事情很熟悉。所以,偷猪贼便是你。"

哥哥好狠毒

特里和乔治是兄弟俩。哥哥特里开了一个酒吧。一天晚上,弟弟乔治来到酒吧,特里亲自调了一杯加冰威士忌给弟弟。但是弟弟乔治并没有喝这杯酒。因为兄弟俩近来正在争夺遗产,乔治怕哥哥侵犯自己,不敢喝他给自己调的酒。

特里见状,冷笑着说:"我好意调酒给你,你却怕我害你。既然你

怀疑,那么我先喝吧。"说完,拿起酒杯,就喝下了半杯酒。

乔治看到哥哥喝完,没什么大碍,也就不好再推辞,喝完了剩下的半杯酒。但是,他刚喝完没多久,就倒在地上死了。

警察迅速赶到现场,勘查完毕以后,很快判断是哥哥特里下毒将弟弟毒死的。但是,现场的许多人都证明,兄弟俩喝的是一杯酒,为什么哥哥没事,而弟弟却被毒死了呢?

聪明的读者,你知道这是为什么吗?

这杯酒是没问题的,酒杯也是没问题的,问题就在于冰块。哥哥喝酒的时候,就已经把毒药藏在了酒杯里的冰块中,因为他喝酒的时候,冰块还没有融化,毒也没有渗出来。当弟弟喝的时候,冰块已经融化,毒药渗入到了酒里,于是弟弟被毒死了。

怎么逃跑的

连接 A 地和 B 地的高速公路为高架式路段,与另一条小径形成交错式路段。途中无出入口。

在一个往来车辆稀疏的深夜,一辆作案车最后由 A 地向 B 地潜逃。警方在 A 和 B 两地设卡封锁了小径。然而,左等右等仍不见有作案车到达 B 地,也没有车中途折回 A 地的迹象。作案车在半路上谜一样地消失了。在小径被封锁的过程中,只有一辆吊车通过,是由 B 地向 A 地行驶的。

作案车到底到什么地方去了呢？

参考答案

其实，答案已经在文中展现了，文中说 A 地和 B 地的高速公路为高架式路段，与另一条小径形成交错式路段，这样吊车就可以将作案车吊起来放到下面的公路上，于是作案车可以不必到 B 地就逃走了。

牛 仔

上个星期五的晚上，在斯托波里的车马酒吧喝酒的人中，有 5 位身着牛仔装的顾客。他们实际上是重新组建的西部表演队的成员。此行正要去参加一个周末派对。根据以下信息，你能说出每个人的真实姓名和职业，以及他在周末扮演的西部角色的名字和职业吗？

教你思考

1. 罗伊·斯通是赫特福德郡地区理事会的职员。他性格狂野不羁，经常以自我为中心，但他并没有饰演赌徒。

2. 大卫·埃利斯所扮演的西部角色名叫萨姆·库珀。

3. 一个佩戴着徽章扮演州长代表的人告诉我，他的角色名字是布秋·韦恩。

4.一位来自伦敦郊区的那位代理商，一旦戴上他的宽边帽和佩枪腰带，就变成了一个粗暴的牧牛工，幸亏在车马酒吧里他不是那副打扮。

5.在周末扮演坦克丝·斯图尔特的那个人，并不是被国家税务局录用的税务检查员，他实际上是雷丁·普赖斯兄弟中的一个。

6.马克·普赖斯和那位来自哈罗的办公用品推销员，全都饰演西部行动的执法官。

7.来自克罗伊登的那名会计师所选择的角色叫马特·伊斯伍德，他的角色不是州长，真实姓名也不叫奈杰尔·普赖斯。

　　职员罗伊·斯通(线索1)扮演的不是萨姆·库珀,因为大卫·埃利斯扮演那个角色(线索2);罗伊·斯通扮演的也不是坦克丝·斯图尔特,因为后者是由马克·普赖斯或奈杰尔·普赖斯(线索5)所扮演;同时罗伊·斯通也不是会计师扮演的马特·伊斯伍德(线索7);又因为州长代表布秋·韦恩是马克·普赖斯或推销员扮演的(线索3和6),所以罗伊·斯通扮演的一定是得丝特·邦德,他的西部角色不是一个赌徒(线索1),也不是州长代表或州长(线索6);而扮演牧牛工的人是个代理商(线索4),因此得丝特·邦德扮演的是美洲野牛猎人。我们知道会计师所扮演的角色马特·伊斯伍德不是州长代表,也不是牧牛工或美洲野牛猎人,线索7告诉我们他扮演的也不是州长,那么他一定是个赌徒。马克·普赖斯是州长或州长代表(线索6),因此他不可能是会计师或财产代理商,我们知道他不是职员,也不是推销员(线索6),那只能是税务检查员。由此可以得出,他所扮演的不是坦克丝·斯图尔特(线索5),从同一个线索中,我们也可以知道扮演坦克丝·斯图尔特的就是奈杰尔·普赖斯。现在我们已经把3个西部角色的名字和他们扮演者的真名配对,并把另一位扮演者和他的真实职业配对,故税务检查员马克·普赖斯所扮演的就是州长代表布秋·韦恩。剩下扮演马特·伊斯伍德的是约翰·基恩,而推销员所扮演的角色是州长,那么他不是扮演坦克丝·斯图尔特一角的奈杰尔·普赖斯,而是扮演萨姆·库珀的大卫·埃利斯,剩下的奈杰尔·普赖斯是财产代理商,他饰演的是名叫坦克丝·斯图尔特的牧牛工。

综上可知

大卫·埃利斯是推销员,萨姆·库珀,州长。

约翰·基恩是会计师,马特·伊斯伍德,赌徒。

马克·普赖斯是税务检查员,布秋·韦恩,州长代表。

奈杰尔·普赖斯是代理商,坦克丝·斯图尔特,牧牛工。

罗伊·斯通,职员是得丝特·邦德,美洲野牛猎人。

留 学 生

歌兹弗瑞大学城的一处 3 层楼房里住着留学生。根据下面的信息,你能找出每层楼所住学生的名字、家乡以及所学的专业吗?

教你思考

1. 佐伊·温斯顿所在的楼层比那个物理学专业的学生高。

2. 约翰·凯格雷来自新西兰的惠灵顿。

3. 住在三楼的学生来自南非的德班。

4. 凯茜·艾伦既不是来自底特律的美国学生,也不是历史系的。

🍡参考答案

　　我们已知约翰·凯格雷来自惠灵顿(线索2),凯茜·艾伦不是来自美国底特律(线索4),所以她一定是来自德班,并且由于她住在三楼(线索3),所以剩下佐伊·温斯顿来自底特律,但是她不住在一楼(线索1),而是二楼,剩下的约翰·凯格雷就是住在一楼。因为凯茜·艾伦不是历史系的(线索4)或者物理学专业的(线索1),那么她必定学医学。线索1还告诉我们,佐伊·温斯顿不是物理学专业,所以她学的是历史,剩下的学物理学的是一楼的约翰·凯格雷。

综上可知

一楼是约翰·凯格雷，来自惠灵顿，学的是物理学。

二楼是佐伊·温斯顿，来自底特律，学的是历史。

三楼是凯茜·艾伦，来自德班，学的是医学。

准确时间

一天夜里，某小区发生了一起枪击案，小区里的人都被吵醒了。只有4个人在醒来的第一时间看了表，他们分别是甲、乙、丙、丁。警局里有个很聪明的探员叫巫迪，恰巧他也住在小区附近。他得知此案后，急忙赶到了现场。侦查现场之后，他找到了这4个看了表的人，并向他们询问了相关的问题。

这4个人对嫌疑人作案的时间，分别做了如下回答：

甲："我听到枪声是12点零8分。"

乙："不会吧，应该是11点40分。"

丙："我记得是12点15分。"

丁："我的表是11点53分。"

作案的时间怎么会有这么大差距？其实，这是因为他们的手表都不准。一个人手表慢25分钟，另一个人的手表快10分钟，另有一个快3分钟，末尾一个慢12分钟。

但是，最终聪明的巫迪还是精确地判断出了罪犯的作案时间，那么他是怎样通过这 4 个不准确的时间来确定正确的作案时间的呢?

参考答案

作案时间是 12 时 5 分。这道题看似有点复杂,其实精确的谋略要领很简单:从最快的丙的手表 12 时 15 分中减去最快的时间 10 分钟就行了;或者将慢的乙的手表上的 11 时 40 分加上最慢的时间 25 分钟也可以。

李爽太太案

李爽太太孤身一人住在一栋别墅里。每到夏天,她的两个侄子凯恩和布莱特就会来看望她。这天,当他们推门进去时,却在一楼餐厅里发现了姑妈李爽太太的遗体。布莱特略懂一些法医知识,看着姑妈的遗体,他判断出,姑妈遇害约摸已经 10 多天了。很显然,她是在用餐的时候遭到突然打击的。一柄尖刀贯穿胸口夺去了她的生命。凶手随后洗劫了整幢别墅。

凯恩和布莱特随后报了警,警察很快赶到。在别的警察忙着记录犯罪现场的蛛丝马迹时,一位年轻的警察来到了凯恩和布莱特兄弟俩左右。他同他们一起坐在台阶上,看了一下子,然后问道:"你们没有动过这些报纸吗?"

兄弟俩摇摇头。

警察说:"这些报纸堆得真够乱的,不是吗? 怎么送了这么多?"

随即年轻的警察又看了一眼放着的牛奶瓶,那两瓶牛奶也早已经过期了。然后,他突然喊道:"我知道凶手是谁了?"

兄弟俩莫名其妙地看着警察。那么,凶手到底是谁呢?

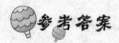参考答案

凶手是送牛奶的人。因为只有知道李爽太太已经遇害,他才不再到这里送牛奶,而送报纸的人显然不知道这一点,每天仍然定时把报纸送来。于是报纸堆了许多,而牛奶就只有两瓶,并且已经过期好久了。送牛奶的人知道这个别墅里再没有人喝牛奶了,因此停止送牛奶,而这恰好暴露了他的恶行。

杀害 CEO 的人

某公司的 CEO 被杀害了,他的 3 位女秘书甲、乙、丙被警察传讯。警察怀疑这 3 位女秘书中有一个是凶手,另外一个是同谋,剩下的那个则毫不知情。她们 3 个被传讯以后,说的都是别人。警察断定,在这些供词中,有一条是毫不知情者随大家说的,而且这个人说的肯定是真话。其他两个人说的都是假话。她们的供词是这样的:

①甲不是同谋。

②乙不是凶手。

③丙加入了这次行刺。

试着判断一下她们的供词,看看这 3 位秘书中,哪一个是凶手?

　　要是①和②是假话，③为真话，则甲便是同谋，乙便是凶手，丙是毫不知情者，那么与③说的就抵触了，这个假设不成立。要是①和③是假话，则甲是同谋，而丙是毫不知情者，乙便是凶手了，与②自相矛盾。要是②和③是假话，则乙便是凶手，而丙是毫不知情者，那么甲便是同谋，这样与①也不符。因此，毫不知情者做了两条证词。再进一步推测，要是毫不知情者说了②和③这两条供词，那么甲便是毫不知情者；另外，既然②③是真的，那么①便是假的，可知甲是同谋，与前面的结论相矛盾，这是不可能的。依此类推下去，可以知道丙是毫不知情的人，乙是同谋，甲是凶手。

被害之谜

　　日本某旅游团踏上了中国的丝绸之路。一天夜里，蒙面占卜师在住所被人杀害，死因是有人在占卜师喝的咖啡里掺了毒。这个蒙面占卜师在日本电视《你的未来生活》栏目中名声大噪，但是观众从未见到过他的真面目，对他的私生活也一无所知。在旅游团，尽管他谈笑风生，待人热情友好，但是也从不摘下脸上的面纱。

　　这是为什么呢？中国警官在勘查现场时揭开了谜底：他生过梅毒，鼻子已经腐烂，蒙面是为了遮丑。中国警官分析认为，生梅毒的人一般性生活比较混乱，因而该案属于情杀的可能性极大。于是中国警

心智的巅峰对决

方通过国际刑警组织向日本警方发出了通报,要求查清占卜师的私生活并提供破案线索。可是日本警方的答复却令人很失望:占卜师生梅毒系父母遗传,本人作风正派,为人和善,没有仇人,在日本国内没有破案线索。

真是很棘手的难题。破案只能从笨办法开始:调查旅游团内有谁与占卜师一起喝过咖啡。经过一番艰苦细致的工作,终于找到了3个嫌疑人:

占卜师的妻子——惠子

占卜师的弟弟——牧村

旅游团成员——隆山太郎

惠子另有新欢，此次本是不愿来中国旅游，她想趁机留在日本与姘夫厮混。占卜师揭穿了她的企图，强行拉她来到了中国。为此她每晚与占卜师争吵不休。平时她爱喝咖啡，有作案动机。

牧村是大证券商，为人阴险狡猾，为了攫取钱财常常不择手段。3年前他借给占卜师一笔钱款，很多次催讨未果。此次旅游中，他与占卜师喝咖啡时看见占卜师带了一笔巨款，再次向他索要。占卜师不但不还，还以兄长的身份斥责他的为人，使他怒不可遏。中国警官在清理占卜师的遗物时，发现他所带的巨款已不翼而飞。

隆山太郎是服装设计师，经济拮据而又吝啬。他原来与占卜师互不相识，旅行途中才成为好朋友。他俩经常在一起喝咖啡。有一次，隆山太郎请占卜师为其占卜，不知占卜师说了什么，二人发生了争吵。隆山太郎悻悻离去时，将一杯未喝完的咖啡泼了占卜师一身。

以上3个人都没有在占卜师的死亡推定时间内不在现场的证人，而其他团员都一一被排除了嫌疑。中国警官对3个嫌疑人逐个推理分析，最后查到了证据，确定了凶手。经过审讯，这个嫌疑人供认不讳。

请问：凶手是谁？理由是什么？

参考答案

凶手就是隆山太郎。无论是占卜师长得多难看，在妻子和弟弟面前没必要蒙面喝咖啡，只有在外人面前才会蒙面。

第一现场

一天,警官卢克接到报案,称一个批评家被杀了。他急忙赶到现场。这个批评家死在他的书房中,胸部中了两枪,倒地而死。遗体是早上来打扫的佣人发现的,因为这位批评家是独居之人。

警官卢克问相近的人有没有人听到枪声,回答是没有。卢克又问法医,是否已经知道精确的殒命时间。法医回答是晚上 10 点 20 分左右。

鉴定人员回答卢克的问话时,挂在墙上的那架鸽子钟的鸽子探出头来,咕咕地报时了,时间是 10 点。

卢克问左右的法医:"你并没有解剖遗体,怎么就知道这么精确的时间?"

法医回答:"我们到的时间,收音机正开着,录音键也按着。将磁带转到头一放,录的是那天两支橄榄球队比赛的实况。"说完,法医就按下了录音机的按钮,果然里面的声音是比赛实况转播。

卢克警长一边看着手表,一边听录音,不久,他就肯定地说:"被害者并不是在这个房间里被害的,而是在别处。"

法医难以置信,卢克表明说:"四周人之所以没有听到枪声,便是因为这场比赛。而这个凶手是一边录音,一边杀害批评家的。这台录音机本来也不在这个房间,它只是随着遗体,一起被搬到这个房间里来的。因为这盘录音带中缺少一种声音。"

法医说:"卢克探长,这盘录音带我听了两遍,并没有发现你所说的什么证据。"

卢克摇摇头,说出了答案。那么这位探长到底听出缺少什么声音呢?他为什么会说此书房不是第一案发现场呢?

参考答案

那盘磁带里没有录上的是鸽子钟报时的声音。比赛要举行很长时间。既然比赛都已经录下来了,为什么没有鸽子钟报时的声音呢?殒命时间是 10 点 22 分,最起码,10 点时也应该录下报时声。所以说,书房并不是案发第一现场。

梨 案

拉莫斯警长陪伴朋友小 A 和律师纳凡带着一篮子梨,来到小 A 的买卖搭档伯曼的家中。他们准备商议办理相助中出现的经济问题。

伯曼很热情地拿起一把水果刀为他们削梨,然后把削完的梨递给小 A,小 A 没有接。伯曼难过地笑了笑,又递给律师纳凡。纳凡说自己从不吃梨。伯曼只好自己吃起来。这时小 A 也拿了一个梨削了起来。

小 A 是个左撇子,伯曼看起来有点怪。小 A 吃自己削好的梨。谁知,梨还没吃到一半,他就倒下去了。

拉莫斯及时报警。赶来的警察讯问后,便问一边的拉莫斯:"他怎么会被自己带来的梨毒死呢?"

— 41 —

拉莫斯探长冷静地说："我敢肯定是伯曼毒死小 A 的。"接着他形象地描述了伯曼下毒的过程。警察的观察也证实了拉莫斯探长的话是对的。

那么，伯曼到底是怎样做的呢？

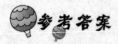

梨是没有毒的，问题出在水果刀上。小 A 是个左撇子，伯曼显知道这一点。于是他就在水果刀朝皮的一面浸了毒，正常人用这把刀削水果时都不会中毒，因为毒液都擦到水果皮上了。而小 A 是个左撇子，他用这把刀时，带毒的一面恰好朝向了果肉，于是他被毒死了。

旷世遗产

阿花的叔父是世界上最著名的画家之一，因为他自己并没有子女，所以把阿花看作亲生女儿一样。叔父知道自己将不久于人世，所以在去世之前将一个信封交给了律师，嘱咐他在自己去世后，将这个信封交给阿花。

过了一个月，叔父果然去世了。律师将叔父的信封交给阿花，说里面是叔父交给她的遗产。可是，阿花接过信一看，里面什么也没有，只有一张以花草为背景的信纸。在信纸的底边上写着一行字："你手上的东西就是我留给你的价值连城的财产。"然后便是叔父的签名和年月日。阿花满脑子的疑问，不明白叔父的意思。

聪明的读者,你是否可以猜到阿花叔父留下的价值连城的遗产是什么吗?

 参考答案

那张信纸就是价值连城的遗产。因为阿花的叔父是世界著名的画家,而信纸上的花草背景就是他叔父亲笔所画,而且这是他一生中最后一幅作品,所以也就格外贵重。

第二章 神奇的力量

合唱队员

在破获一起盗窃案件的时候，F 警长追赶一名老牌窃贼。这个窃贼虽然老得牙都快掉光了，但是却非常擅跑。刚追到音乐厅门前，人突然不见了。F 警长分析他可能是跑进了音乐厅。

F 警长追踪到了音乐厅里，看到台上有一个专业合唱队正在演唱，台下的观众不是很多。警长四处搜索，并没有发现那个盗贼的踪影，正准备离开的时候，他的眼睛漫不经心地向台上正在演唱的合唱队扫了一眼，猛然觉得什么地方有些不对头，虽然合唱队员穿的衣服都一样，有一个却是很惹眼，他定睛一看，原来正是那个老牌盗贼。

你能知道是什么引起了 F 警长的注意吗？

参考答案

那个老牌盗贼缺好多的牙齿,而唱歌演员很重要的一点就是牙齿整齐,这样盗贼在合唱队员中就显得非常惹眼。

破 案

律师出身的美国总统林肯,24 岁时在纽萨赖姆林邮局当代理局长。他工作勤恳,当了局长还挨家挨户地去送信。

一天清早,林肯给一位名叫史密斯的青年人去送信。史密斯是刚到这个村庄来当神父的。因为教堂还没有造好,他一个人临时住在一间小屋里。林肯在小屋门前高喊了几声,又连连敲门,竟然毫无动静。

"也许是出门散步去了吧。"林肯这么想着,就到小屋后面的田野中去寻找。到那里一看,不好,神父倒卧在了旱田里,背上还插着一支印第安人的箭。

一个警察刚好路过此地,林肯赶忙向他报案。当警察看到尸体上的箭时,顿时就变了脸色,惊叫道:"这是'黑鹰'在报仇!"

林肯知道这"黑鹰"所指的是印第安撒古族的酋长。

警察说:"撒古族的酋长和这个村庄有宿仇嘛。"

林肯问:"酋长来报仇,怎么没有留下他的脚印呢?"

"那酋长是从远处射的箭,当然不会有他的脚印了。"

"那么,为什么连神父的脚印也没有呢? 昨晚刚下了雨,田头是湿

— 45 —

的,土也是软的,只要是有人走,就会留下脚印的呀!"

"看来,是这场雨把神父的脚印冲刷掉了。"

"不对,警察先生,要是那样,神父的尸体也淋过雨,应该是湿的,可是,他的衣服很干燥。"

"也许是因为已过了一夜,被风吹干了。"

"不可能,"林肯说,"你看,他的伤口上还有血在凝结。要是给雨淋过,血迹也早就给冲去了。"

"那么,神父一定是在雨停了以后才被箭射死的。"

"不对,警察先生,如果是这样,为什么没有神父的脚印呢?难道他死后,还能爬起来把脚印抹去吗?"林肯说完,仔细观察起四周,他注意到了离神父尸体 3 米远的地方,有一块板壁,高有 2 米左右,这附近就是准备盖教堂的地方。

身高 1.93 米的林肯走近板壁,踮起脚尖朝板壁的那一边看去,那里是一个很荒凉的院子,在一棵大榆树上挂着一个秋千。院子四周围是光秃秃的红土层,杂草不生,也没有人走过的痕迹。

林肯说道:"我明白这是怎么一回事了!"

"那是怎么一回事呢?"警察问。

林肯抱起了矮个子警察,让他看看自己所看到的一切。

他们都看到了什么? 为什么凶杀案现场会没有留下脚印呢?

 **参考答案**

神父在荡秋千,酋长的箭射中了他,他的身体就随着秋千的摆动抛过了板壁,落在这田里,所以并没留下他的脚印。

为职业女性颁奖

一张图片展示出了"有成就和魄力的杰出职业女性"颁奖典礼上的 4 位获奖者。根据下面的线索,你可以确定每位女性的姓名和获奖时她们的职业吗?

教你思考

1.马里恩·帕日斯女士的头发是红颜色的。对不起,图上没有显示。

2.图片 3 是迪安夫人。她来自伯明翰,但是这对你可能没有帮助。

3.图片 4 的救助队的军官不是卡罗尔。

4.消防队员埃利斯夫人不是图片 2 中的人物。她喜欢古典音乐,但是你也不需要知道这个吧。

5.萨利则站在交警与托马斯夫人中间。

名分别为:卡罗尔,马里恩,盖尔,萨利

姓分别为:迪安,帕日斯,埃利斯,托马斯

职业分别为:护理人员,消防队员,救助队军官,交警

提示:图片 1 是埃利斯夫人。

参考答案

因为图片 3 中的人是迪安夫人(线索2),图片 4 中的那个人是穿着救助队军官制服(线索3),所以消防队员埃利斯夫人并不是图片 2 中的人物(线索4),而是图片 1 中的妇女。又因为萨利不在图片 1 或者图片 4(线索5)中,所以她不是救助队军官或者消防队员,也不是交警(线索5),最后得出来她是护理人员。她不姓托马斯(线索5)或埃利斯;马里恩姓帕日斯(线索1),得出来萨利必定姓迪安,这样就知道

她在图片 3 中。通过排除法,图片 2 中的女性是个交警,这样根据线索 3,图片 4 中穿着救助队军官制服的是托马斯夫人,现在通过排除法可以得出,红头发的马里恩·帕日斯在图片 2 中,并且是个交警。最后根据线索 3,图片 4 中的救助队军官托马斯夫人不姓卡罗尔,而是姓盖尔,卡罗尔是图片 1 中的消防队员埃利斯夫人的名字。

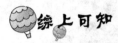 **综上可知**

图片 1 是卡罗尔·埃利斯,消防队员。
图片 2 是马里恩·帕日斯,交警。
图片 3 是萨利·迪安,护理人员。
图片 4 是盖尔·托马斯,救助队军官。

偷 钱 人

星期六的上午,个体户阿 Q 刚从银行取出 1 万元现金,就被盗贼偷去了。报警后,警方积极破案。

晚上 8 时许,警方拘捕了两名疑犯,从他们两个人的身上各搜出 1 万元现款,和阿 Q 丢失的钞票数目刚好相同,但是其中有一人肯定与阿 Q 失窃案无关。

在询问疑犯时候,那个年轻人辩解说这 1 万元是他叔父给他做生意用的;而另一个牙齿已快掉光的老头则说,他那 1 万元是下午 3 点刚从银行里取出来的。

负责此案的警长笑笑，说道："我已经知道你们谁是偷钱人了。"
聪明的读者，你能猜出来吗？

参考答案

那个年轻人与此案没有关系，真正的窃贼只能是那个老头。因为他说他的钱是下午3点从银行取出的，而银行在星期六有半天是不工作的，那么下午银行肯定不办公，他明显是在撒谎。

新娘是谁

新婚不久的丹麦贩子霍克来美国洽谈买卖,不料遇上车祸,不幸身亡。

霍克在美国的朋友立刻发了份电报,请新娘来美国处理后事。

没几天,新娘来到了美国。但令人惊奇的是,来了两个,她俩都说自己是霍克的新娘。

这使霍克的朋友很为难。他没有见过霍克的新娘,只知道新娘是个钢琴西席。无奈,他只得请来侦探大维来辨真假。

大维来后询问得知,霍克拥有一大笔产业。根据法律,他的老婆将承继这笔遗产。现在两位新娘中的一个肯定是想来骗取这笔遗产的。

两位女士一个满头金发,另一个皮肤浅黑。大维看着她们,寻思片刻说:"两位女士能为我弹一首曲子吗?"浅黑肤色的女士马上弹起了一首世界名曲,她的双手在琴键上灵活地舞动。大维发现,她左手戴着一枚宝石戒指和一枚钻石婚戒。接着,金发女士也弹了一曲,琴声同样悦耳动听,大维看到她右手上只有一枚钻石婚戒。

大维听完演奏,走到浅黑肤色的女士身边说:"你不要再冒充新娘了,快回去吧。"这位女士听了,辩解道:"你凭什么说我是冒充的呢?难道我弹的没她好吗?"大维说了一番理由,浅黑肤色的女士没趣地溜走了。

你知道大维说了什么理由吗?

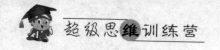

 参考答案

完婚戒指戴在左手上是美国的习惯,戴在右手上是丹麦的风俗。大维让她俩弹琴,一是看她们的琴技,二是为看清她俩怎样戴的完婚戒指。

足球有问题

1992 年 7 月 18 日,大毒枭兰地连闯四国,马上就要将价值 100 万美元的海洛因带进毒品售价最高的美国了。他把毒品藏在一只新足球内,足球上有好几个世界著名球星的签名,看到这样的足球,谁还会贸然剖开足球检查呢?

然而,他在纽约机场遇到了反毒专家——警官康纳利。康纳利甚至没有掂一掂足球的分量,仅是看了看网兜里的足球,就说:"师傅,请你到毒品查验站来一趟,你的足球有问题。"

兰地急坏了,大声说:"球星签名的足球,有什么问题吗?"

试问:康纳利是怎么说的呢?

 参考答案

康纳利冷冷地说:"球星中有英国人、德国人、巴西人、意大利人,怎么都用英文签名呢?"

假冒英雄

在俄罗斯的列宁格勒(现已恢复"圣彼得堡"名称)流传着这样一个感人的故事:二战中,纳粹德国集合了上百万部队,对前苏联进行闪电式进攻,被誉为"欧洲之窗"的列宁格勒被纳粹70万大军包围。

希特勒在列宁格勒城下集结了1000多辆坦克和6000多门火炮,并且堵截了列宁格勒和其他都市的联系,计划闪电般攻占这座历史久长的名城。

英勇的列宁格勒军民开始了长达900天的列宁格勒保卫战。在誓死保卫列宁格勒的部队中,有一位名叫星巴克的法国人。他从小在前苏联长大,对前苏联深厚的感情,让他留在战火中和前苏联人民共同保卫列宁格勒。

一次,德军一个连打击苏军保卫的医院,当时医院里的预备队都被调去支援其他阵地,仅剩下几名流动哨兵、医护人员和伤员。星巴克让士兵和大夫快速带伤员撤离,他自己则承担起掩护的重任。

德军一个连进行了3次攻击,乃至动用了火炮,才攻占了医院。他们无论如何也想不到,掩护医护人员成功撤离、抵抗了一个多小时的,竟然只是一个法国人! 而在医院被攻占后,大多数列宁格勒人都认为星巴克捐躯了。

战争胜利后,为了纪念这位好汉,列宁格勒居民为他建立了一座雕塑,还以他的名义设立了基金,专门资助退伍老兵。

在基金创设的庆祝会上,一位退役的将军饱含深情地向人们报告

了星巴克好汉的事迹。就在人们吊唁好汉时,一个老头站起来说道:"其实,我就是星巴克,我没有去世!"

会场的氛围一下子沸腾了!原来好汉没有去世!主持人马上请星巴克上台,为大家报告自己的传奇经历。

他告诉众人,德军攻占医院的时候他受了重伤,当他再次醒来的时候发现自己身在医院里。随后,他作为战俘被押送到战俘营,在那里一直待到战争结束。

接着,星巴克追念起自己小时候在列宁格勒的幸福时光。列宁格勒是一个美丽而寂静的都市,他就出生在这里。他的父亲1911年就来这里做买卖,开了一家叫作"列宁格勒"的木料店,做木料加工生意。到他出生的时候,商店已经开得很大很大……

突然,人群中有个年轻人站起来打断了他的话:"你不是星巴克!你是个骗子!"

在场的人全都惊呆了:这是个20岁不到的小伙子,他怎么会知道星巴克长的什么样呢?难道他有未卜先知的本事?小伙子把本身的理由一讲,众人终于豁然开朗。

你知道是什么让小伙子看出这是个冒牌星巴克的吗?

参考答案

一个优秀的侦探必须拥有全面的知识。在1911年期间,俄国还在沙皇统治下,当时的列宁格勒叫作圣彼得堡,星巴克的父亲不可能在那个期间就开一家名为"列宁格勒"的木料店。

耐心的将军

这是在第二次世界大战中发生的真实事件。

德军占领法国后，亲纳粹的法国民族败类组成了伪政府，将坚决抗击德军的将领囚禁起来。年事已高的日罗将军被关在一座古堡里，古堡的三面都有重兵把守着，另一面是 50 米的悬崖峭壁。伪政府官员觉得还不是很放心，又派了一个老兵住在古堡里看守着他。

那名老兵由于年纪已经很大了，又和日罗将军同住在这座孤立的

古堡中,很有点儿同病相怜的感觉。终于,有一天这位老兵主动说:"将军,如果你有什么要求,只要是我能办到的,一定替你办!"

"那么麻烦你让我太太经常给送些通心粉来,我可是会做好多种通心粉呢!这样我们俩可以在一起吃我亲手做的饭了,我们这把年纪要多保重身体,我还想从这古堡里活着出去呢。"

"好吧,老将军,不过,你可别用通心粉结成绳子从峭壁上逃跑呀!哈!哈!"老兵开玩笑地说。

但是过了两年,日罗将军真的非常巧妙地逃出了这座古堡。

究竟他是怎么跨越那段50米峭壁的呢?

参考答案

原来老将军太太送来的通心粉中藏有放风筝的线和铁丝。日罗将军用了两年时间,耐心地将这些材料制成50米长的坚固绳索,并利用它爬下了悬崖。

超 车

德国影戏演员克里夫人向保险公司说明,她的那辆"奔驰"被盗,要求索取一辆新"奔驰"的保险金。斯蒂尔受保险公司的委托,来到克里夫人家里考察。

克里夫人见这位德国有名的大侦探来到家中,忙把他让到了沙发上。

"听说您的那辆'奔驰'是去日本东京拍影戏时被盗走的,对吗?"斯蒂尔点燃了一支香烟,然后开门见山地问。

"是的。因为拍片需要,我就用船把它运去了,没想到……"克里夫人白皙的脸上掠过一丝不无惊骇的苦笑。

"于是,您向保险公司提出了补偿损失,是吗?"

"是的,是这样。"

"好,那就请您再报告一遍具体经过,我也好向委托人做出交接。"斯蒂尔透过清幽的烟雾,发现夫人的眉梢动了一下。

夫人叹了口气说道:"事情再简单不过了,以至于我还没弄清是怎么回事,汽车就没影了。"

"请您说得具体些。"斯蒂尔从兜里掏出了笔记本。

克里夫人眯缝起眼睛,思忖了片刻说道:"那天导演宣布休息一天,我就独自一人开着'奔驰'去东京西郊玩了半天。在返回的路上,我以正常车速行驶着。在离市区不远的一个拐弯处,一辆客货两用车从我的左边超了过去,并挡住了我的车道。我很生气,想下去叫他们让开,但是刚一打开车门,就听见一声轰响,我失去了知觉。等醒过来睁眼一看,我已躺在了医院的病床上。我并没伤着,只不过是轻微脑震荡,第二天导演接我出院了。但是,我的'奔驰'却无影无踪了。"

听完克里夫人的报告,斯蒂尔笑了。他做了个滑稽动作说道:"您总算是万幸中的不幸!"

"什么,你这话是什么意思?"克里夫人恐慌地望着斯蒂尔。

"我是说,您又可以向保险公司索取一辆'奔驰'的保险金了!"斯蒂尔微笑着望着她。

"啊,是这样,那是肯定的了!"克里夫人也笑了,那是发自内心

的笑。

突然，斯蒂尔把脸一沉，厉声说道："遗憾得很，你这个骗子，跟我到法庭上去领保险金吧！"

斯蒂尔是怎样识破克里夫人的骗局的呢？

世界上有不少国家规定，车辆左侧行，右侧超车，日本便是执行这种规定。于是斯蒂尔听克里夫人说那辆客货两用车从他的左侧超车，便知道她在说谎，于是，戳穿了她的骗局。

被打死的六头斗牛

3月2日，德国某城警察局局长莱特交给刑侦科长埃塞勒一个任务，让他检查一个麻醉毒品走私嫌疑分子。埃塞勒让人把嫌疑人带到了自己的办公室。

"你叫什么名字？"埃塞勒用眼光打量了一下站在自己面前的中年人问道。

中年人仿佛不以为意的样子，干咳了两声答道："库特迈，一个守法的贩子。"

"守法？你到葡萄牙和西班牙干什么去了？"埃塞勒盯着库特迈。

"师傅，我昨天才乘飞机从葡萄牙返回去。现在，葡萄牙和西班牙根本就没有毒品。"说着，库特迈从上衣兜里抽出一张护照递过去："请看,护照上有日期。"

埃塞勒并没有查看他的护照,而是不无揶揄地说道:"这张护照并不能证明你是昨天从葡萄牙返回去的,你可能是从别的国家返回去的,甚至还有可能是偷越国境跑过去的。"

"别开玩笑了,师傅!"库特迈装出一副无可奈何的样子。

"你有什么可以证明,你昨天确实是在葡萄牙吗?"

库特迈眼珠转了转说:"师傅,您肯定知道,人们可以拿着德国的护照去葡萄牙的里斯本旅行,在边界上是不用签证的。"

"这说明不了什么。"

"另有,"库特迈像变戏法儿似的手里又捻出一张纸片,伸到了埃塞勒的面前,"师傅,我昨天曾在里斯本斗牛场目睹了一场精美的演出,这是入场券,上面的日期写得清清楚楚。"

埃塞勒看了看那张淡黄色的入场券,冷笑着问道:"你都看见什么了?"

库特迈听到埃塞勒这样问他,内心有些发慌。但他立刻稳定了一下心情答道:"我正赶上开场仪式,那场面真是前所未见。斗牛士轮番上阵,很快,先后就有 6 条牛被打死拖了出去。"

"不要再说了,全部是谎话!"埃塞勒用手止住了他。

"你……"

"对不起,你被拘捕了! 请吧,库特迈师傅!"

刑侦科长埃塞勒是怎样识破库特迈的谎话的呢?

参考答案

葡萄牙的斗牛开场仪式一般是在复生节的第二天举行,而复生节又总是在4月,从来不在3月。另外,里斯本的斗牛并不见血,因为葡萄牙的法律明文规定,在斗牛中禁止将牛杀死。

英雄希拉

女英雄希拉·戈尔踏入巫师的城堡,来到了地下室,那里有4扇门,每扇门后面都有一座金雕像以及一个致命陷阱。根据下面的信息,你可以说出每扇门的颜色、门后是什么雕像以及所隐藏的陷阱吗?

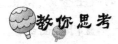

1. 一扇门后面的雕像是一只鹰和一个绊网的陷阱,一旦触发这个陷阱,房间就会陷入一片火海。

2. 红门后面的那个陷阱会在人毫无察觉时扔下一块一吨重的大石头,其逆时针方向上挨着的那扇门后面是一个跳舞女孩像,但这扇门不是绿颜色的。

3. 与实物一样大小的金狮子像在二号门后面。

4. 三号门则不是黄色的,黄门后面有一个战士金像,一旦你走进去,就会直接走到一个断头台上。

门的颜色分别是:蓝色,红色,绿色,黄色

雕像分别是:跳舞女孩,狮子,鹰,战士

陷阱分别是:石头陷阱,地板陷阱,断头台,绊网陷阱

提示:要先找出红色门后面的雕像。

心智的巅峰对决

参考答案

由于在设有巨石陷阱的红门的后面不是一个跳舞的女孩(线索2),绊网陷阱保护的是老鹰像(线索1),并且战士金像在黄门的后面(线索4),因此红门后面是狮子像,红门也就是二号门(线索3)。这样根据线索2,跳舞女孩在一号门后面,但一号门不是绿门(线索2),也不是红门或者黄门,那么它一定是蓝门,绿门后面就是老鹰像和绊网陷阱。黄门不是三号门(线索4),而是四号门,因此三号门是绿色

的。最后根据线索4,地板陷阱不保护四号黄门后面的战士金像,得出后者的陷阱一定是在断头台上,剩下地板陷阱保护一号蓝门后面的跳舞女孩。

综上可知

一号门,蓝色,跳舞女孩,地板陷阱。

二号门,红色,狮子,石头陷阱。

三号门,绿色,鹰,绊网陷阱。

四号门,黄色,战士,断头台。

盗宝的"飞贼"

在日本的一幢摩天公寓里,正在睡梦中的侦探段五郎突然被电话铃声惊醒。他拿起话筒,听见电话里传出一个女人尖细的声音:

"喂,我是山林久美子,我的一枚价值500万日元的钻石戒指丢失了,请你快来!"

段五郎立刻驾车赶到公寓,又乘电梯来到9楼山林久美子的房间。

"钻石戒指是什么时间发现没有的?"段五郎打量着坐在自己面前的这个著名女电视演员。

"便是刚才。我从一个舞会返回来,刚洗完澡,就发现放在梳妆台上的戒指不见了,前后总共不到10分钟。"

段五郎来到梳妆台旁,发现上面有一根火柴,便问道:"这火柴是您放的吗?"

"不是。"山林久美子摇了摇头。

"您只丢了一枚戒指吗?"

"是的。"

段五郎拿起那根火柴仔细地看着,内心感到很稀奇:这根火柴是盗贼不慎遗失的,还是……他抬起头,猛然,眼光停在了开着的窗户上。

"您沐浴时,这窗户也这样开着吗?"

"是的。可这是9层楼,什么样的扒手才能从窗户爬进来呢?"

段五郎也想,从地面到窗户少说也有二十七八米高,而且窗户框上还安有铁栅栏,人是不可能从这里爬进来行窃的。

"您刚才是不是忘记关门了?"

"不,门是锁好了的。"

"真是怪事!"大名鼎鼎的侦探段五郎有点莫名其妙了。他又拿起了那根火柴仔细观察。突然,他开心地叫起来:"原来是这样! 小姐,这楼里有谁养鸟吗?"

"鸟?"山林久美子被段五郎问得怔住了,但她还是立刻回答出来:"4楼的山本养了一只鹦鹉,3楼的黑田养了一只猫头鹰,8楼的理惠小姐还养了一只信鸽。"

"太好了,我知道谁是盗贼了,请跟我去讨回您那枚戒指吧!"

段五郎很快抓到了盗贼,山林久美子也找回了自己的钻石戒指。

段五郎是怎样推测出盗贼的呢?

参考答案

段五郎发现火柴杆上似有牙咬的痕迹,而且非常明显,不是人牙的形状。因此推测出大概是案犯训练某种鸟类作案。案犯让它进屋作案时叼根火柴,是为防备它发出叫声。但是公寓里有人分别养着鹦鹉、猫头鹰和信鸽,又是谁叼走了钻石戒指呢?段五郎又想到盗案是在夜间产生的,因此盗贼肯定是住在3楼的黑田,是他训练猫头鹰盗走了山林久美子的钻石戒指。

两个凶手

S街发生了一起凶杀案。警长赶到现场,询问证人有关问题。有个证人声称自己看到了稀罕的事情。

他说:"在这个杀人犯逃脱以后,我竟然在不远处的饭店里见他悠闲地在吃饭。我当时很奇怪,问老板,这个人是不是经常在这里用饭。老板告诉我半个小时之前,他就在饭店里了。"

证人报告完毕,警长陷入了沉思。这看起来是不可能的事情,难道此人有分身术不成,怎么会在两个不同的地方出现,既杀人,又坐在那边吃饭?

此时,一边的助手想了想,提示警长应该看一看这个嫌疑分子是哪里人。这个提示让警长茅塞顿开。他让助手找来相关资料,很快他们便弄明白了嫌疑人的真相。

那么,真相到底是什么呢?

参考答案

这个吃饭的小伙子有一个孪生兄弟。助手提示警长看他是哪里人,警长便找来小伙子的户口登记资料,发现果然如此。于是,警探们能很快将真凶缉拿归案。

车 队

密克出租车公司的接线员昨晚接了5个电话。根据下面的线索,你能说出接线员接到每个电话的时间、联系到的司机、接客地点和预约人的姓名吗?

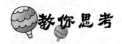
教你思考

1. 马特的电话在泰姬陵·马哈利餐馆的电话之后,而在丹尼斯先生的电话之前。

2. 米克的出租车被预约在11:25,但并不是从狐狸和猎犬饭店打来的,也不是梅森打的电话。

3. 卢的出租车不是那辆要在11:10接拉塞尔的车。

4. 赖安则是在火车站接客人。

5. 布赖恩特先生从黄金国俱乐部拨打电话预约了一辆出租车。

6. 11:20 那个电话的预约地点在斯宾塞大街。

参考答案

　　已得知到泰姬陵·马哈利餐馆接客的时间不是11:25(线索1)，因此米克没有到那里或者到狐狸和猎犬饭店接客(线索2)，也不在火车站，因为赖安在火车站接客(线索4)，米克没去斯宾塞大街，11:20那个预约电话的接客地点在斯宾塞大街(线索6)，由此得出米克去了布赖恩特先生预约的黄金国俱乐部(线索5)。接丹尼斯先生的时间不是11:10或者11:15(线索1)。布赖恩特先生的预约时间是11:25，他的司机是米克，丹尼斯先生没在11:30打电话(线索1)，那么他必定在 11:20 在斯宾塞大街需要一辆车。可以知道马特的预约时间是 11:15,而泰姬陵·马哈利餐馆的电话是 11:10(线索 1)。赖安在火车站接客,因此马特的 11:15 的电话来自狐狸和猎犬饭店,通过排除法,赖安一定在 11:30 接客。在 11:10 去泰姬陵·马哈利餐馆的司机不是卢(线索 3),而是卡尔,拨打电话的人是拉塞尔先生(线索 3)。通过排除法,卢是去斯宾塞大街的司机。最后,马特没有去接梅森(线索 2),是赖安接了梅森,剩下马特是那个在狐狸和猎犬饭店接兰勒先生的司机。

 **综上可知**

11:10 是卡尔,泰姬陵·马哈利餐馆,拉塞尔。

11:15 是马特,狐狸和猎犬饭店,兰勒。

11:20 是卢,斯宾塞大街,丹尼斯。

11:25 是米克,黄金国俱乐部,布赖恩特。

11:30 是赖安,火车站,梅森。

毒死富商

一天清晨,警局接到某公司的报案电话,说他们的董事长死了。警局派出探员来到现场勘查。这个董事长死在自己的车库里。他的殒命原由是氰化钾中毒。从现场的环境看来,死者是在正准备出车库时,吸入毒气殒命。

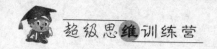
警探又做了进一步勘查,没有在现场发现任何含有氰化钾的药品容器。那么,罪犯是用什么手段将大亨毒死的呢?

有观察员发现,这个大亨的车有一个轮胎已经爆胎了,被压得扁扁的。于是,这个观察员马上想到了罪犯的犯法伎俩。

那么,罪犯的作案手段到底是什么呢?

参考答案

已经爆胎的那个轮胎里其实充满了高压氰化钾气体。实际上,第二天早上,被害人想开车时,发现一只轮胎的气太足了,这样汽车行驶起来会有危险,于是他就拧开气门芯,想放些气。但是,当他拧开气门芯时,氰化钾气体喷了出来,被害人中毒身亡。而那只轮胎里的高压氰化钾,是罪犯在前一天溜进车库里弄进轮胎中的。

运用细节破案

特斯是 T 市小有名气的侦探。一天,他接到朋友洛林太太的电话,说她的 10000 元钱放在桌子上不见了,请他赶快来一趟。

特斯立刻赶到洛林太太家,时间是下午 5 点钟。他问洛林太太最后一次见到钱是什么时间?

洛林太太说是下午 4 点钟。她说她把装钱的信封放在房间桌子上就去沐浴了。4 点半左右出来就不见了钱的影子。

特斯又问:"当时有别人在家吗?"

"有我家的保姆哈里斯太太,她帮我整理一些家务。"

特斯点点头,来到佣人哈里斯太太的房间。哈里斯太太热情地招呼他,请他坐在屋内唯一的一把椅子上。特斯感到椅子很凉,问道:"哈里斯太太,洛林太太丢钱的时间你在做什么?"

哈里斯太太回答说:"我4点前回到洛林太太家,就进了自己的屋里,坐在您身下的那把椅子上织毛线活,没离开半步,但是我好像听见'砰'的一声有人把门关上了。"

特斯听完,笑了一下,说:"太太,我想我能在这个屋子里找到10 000元钱。你并没有坐在这里,而是在我敲你的门时,才坐到椅子上的。"

没错,小偷便是这个女佣。但是,特斯到底是怎么发现的呢?

 参考答案

关键点就在他坐的那把椅子上。哈里斯太太说自己在从4点前就坐在那把椅子上织毛线活,知道特斯进来,她才站起来。但是,特斯坐上椅子的时候,感到椅子很凉。特斯是5点到达洛林太太家的,这把被人坐了一个多小时的椅子为什么是冰凉的? 只能说明哈里斯太太在说谎。

酿 酒 师

诺曼是一名出色的酿酒师。最近他给5位女亲戚每人一瓶不同

种类、不同制造年份的酒。根据下面的信息，你能说出每个人与诺曼的关系和获赠酒的种类和酿造时间吗？

教你思考

1. 米拉贝尔收到的是 1 瓶欧洲防风草酒，这瓶酒比诺曼送给已婚女儿的那瓶提前一年酿造。

2. 卡拉的那瓶酒是 1999 年酿造出来的。

3. 诺曼把他在 2000 年酿造的酒送给了他的侄女。乔伊斯收到的酒并不是 1998 年酿的。

4. 诺曼的阿姨对大黄酒大加赞扬，可是他的阿姨不是安娜贝尔。

5. 格洛里亚是诺曼的妹妹，她的那瓶酒比黑草莓酒早两年酿造。

6.诺曼的母亲收到的不是1997年酿造出来的蒲公英酒。

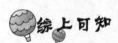参考答案

　　因为1997年制造的蒲公英酒不是给诺曼的母亲(线索6),也不是给他的女儿(线索1)或者侄女,因为送给他侄女的酒是在2000年酿造的,并且他阿姨喜欢那瓶大黄酒(线索4),所以通过排除法,蒲公英酒给了他的妹妹格洛里亚(线索5)。又由于1999年酿造的酒是给卡拉的黑莓酒(线索2),诺曼的阿姨不是安娜贝尔(线索4),而且我们知道卡拉与格洛里亚都没有得到大黄酒,米拉贝尔得到的是欧洲的防风草酒(线索1),所以通过排除法,大黄酒一定是给了乔伊斯。这样得出大黄酒不是1998年而是在2001年酿造的(线索3)。这就说明那位得到产于2000年的酒的侄女并不是米拉贝尔(线索1),她得到的是在1998年制造的欧洲防风草酒。通过排除法,诺曼的侄女是安娜贝尔,她得到的是2000年的酒。根据线索1,可以得知诺曼的女儿是卡拉,她得到的酒是产于1999年,最后得出米拉贝尔是他的母亲。

综上可知

2000年是安娜贝尔,侄女。

1999年是卡拉,女儿,黑莓酒。

1997年是格洛里亚,妹妹,蒲公英酒。

2001年是乔伊斯,阿姨,大黄酒。

1998年是米拉贝尔,母亲,防风草酒。

心智的巅峰对决

失误的劫匪

劫匪在抢劫银行前,将他的汽车重新改装,以便逃走时不会被人认出是他的车子。

他将原来的白色车身涂成黑色,还把车头的灯和车牌也都一起换掉,并且在抢劫时蒙着脸。但是,警方却凭着眼见证人的口供抓住了劫匪。

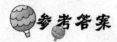参考答案

只要过细分析一下,就可以看出,这个劫匪之所以会被逮住,是因为他马虎了一个细节,在忙乱中,他忘了换走背面的车牌。

常 识

某天早晨,有人在一堵围墙外的大树下发现一具遗体。死者赤脚,脚上有几条从脚趾到脚跟的纵向伤痕,而且有血迹,左右有一双拖鞋。

发现的人说:"死者可能是想爬树翻入围墙,不慎摔死了,他大概是想行窃。"但是有人还是坚持报警,找来了警察。

警察里有一个侦探非常聪明,他观察了一下这方面的事情,然后

对身边的警察说："此人并不是因为想偷窃才摔死的，而是被人行刺后放在这里的，只是将他放在这里的人，因为害怕被发现，于是伪造了这样的现场。"

他为什么这么说呢？他发现的疑点到底是什么呢？

参考答案

其实，正确的答案就在死者的脚底板上。脚底板的伤痕从脚趾到脚跟，是纵向的。若他真是爬树时从树上摔下来的，那么脚底不会有纵向的伤痕。因为爬树时要用双脚夹住树干，脚底受伤也只能是横向的。

指　纹

杰瑞和汤姆是好朋友。一次杰瑞向汤姆借了一笔钱，半年过去了，杰瑞并没有还钱，反而买了一栋别墅。汤姆听说了这件事情，忍无可忍，按响了杰瑞家的门铃。

两个人没谈多久，就吵了起来。越吵越凶，高大强健的汤姆用两只手死死地掐住杰瑞的脖子；杰瑞不停挣扎，忙乱中摸到了一把锤子，他拿起锤子狠狠地朝汤姆的头砸了过去。汤姆立刻松了手，倒在地上，停止了呼吸。

杀死汤姆后，杰瑞将他的遗体拖到后院掩埋起来。然后，他回到屋里，擦净全部的血迹和指纹，沙发、地板以及汤姆全部能碰触到的地方,他都整理了一遍。当他做完这些时,门铃响了起来,汤姆的两个警察朋友站在门外。

原来,汤姆早已经和两个朋友说了,他要去找杰瑞要债,要是自己天黑之前还没有返回去,就让警察朋友到杰瑞家里找自己。尽管杰瑞不停地为自己辩解,两个警察还是找到了汤姆留下的指纹。

那么,汤姆留下的指纹在什么地方呢?

 **参考答案**

要是你看案情看得十分仔细,应该不难猜出,那枚没有被抹去的指纹应该是在杰瑞家的门铃上。因为汤姆是按响门铃以后才进屋的。

改变形象

4位女士在美发沙龙内坐成一排等着染头发。根据下面的信息,你能说出每位顾客的名字、现在的头发颜色和各自想染的颜色吗?

教你思考

1. 莫利左边的女士的头发是棕色的。

2. 一位女士想把头发染成白色的,另一位现在的头发是金黄色的,霍莉坐在她们两个人之间。

3. 坐在一号位置上的女士的头发是红色的。

心智的巅峰对决

4. 颇莉坐在想把头发染成黑色的女士旁边,而多莉坐在偶数的位置上。

5. 灰头发的妇女想把她的头发染成赤褐色,她不在三号椅子上。

名字分别是:莫利,多莉,霍莉,颇莉

现在的头发颜色分别是:棕色,灰色,金黄色,红色

想染的颜色分别是:黑色,赤褐色,白色,红色

提示:先要找出坐在1号位置上女士的名字。

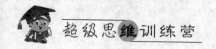
参考答案

由于坐在一号位置上的红头发妇女(线索3)不是莫利(线索1)或霍莉(线索2),也不是多莉(线索4),所以她只能是颇莉。根据线索4,二号位置上的妇女想把她的头发染成黑色。已知那位原本灰发并想把头发染成赤褐色(线索5)的女性不在一号或二号位置,也不在三号位置(线索5),那么她肯定在四号位置。她不可能是霍莉(线索2),而且线索2也说明霍莉的头发不是金黄色的。我们已经知道她的头发不是红色,那么一定是棕色的。红头发的颇莉不可能再把头发染成红色,故她想染的颜色是白色,所以三号位置上的妇女想把她的头发染成红色。现在根据线索3,得到霍莉坐在二号位置,而三号位置上的妇女有一头金发。线索4告诉我们多莉在四号位置,莫利在三号位置。

综上可知

一号是颇莉,红色,染成白色。

二号是霍莉,棕色,染成黑色。

三号是莫利,金黄色,染成红色。

四号是多莉,灰色,染成赤褐色。

谎　言

一天晚上,村山师傅打电话报警说,自己的老婆百合子在家中开枪自尽身亡。刑警组长山口警官带着助手很快就赶到村山师傅家。

村山说,当时他正在楼下看电视,突然听到寝室传来枪响,于是赶快跑上楼看,老婆百合子右手正握着一把手枪,而头部已经中弹,她整个人趴在梳妆台上,已经去世了。

山口听完,和助手在村山家的寝室里仔细地勘查了一番。然后他们将石蜡涂抹在百合子的右手上。同时,山口对村山说:"村山师傅,等石蜡凝聚了,我们就可以判断出您的老婆是不是自尽的。"

听了此言,村山面色大变,很快向山口承认了自己的恶行。

参考答案

要是死者是开枪自尽的,那么她的衣袖和手上都会粘上火药的微粒,而石蜡恰好可以查验出火药的微粒。这样就可以确定百合子到底是不是自尽的。

调　包

东京某区的珠宝店里突然来了一个腰缠万贯的暴发户,此人动作

粗野、态度蛮横,用下令的口吻向伙计要这要那,嘴里还嚼着口香糖。伙计铃木小姐忍气吞声地应酬着。

那个暴发户拿着钻石戒指正看着,一不小心戒指掉到地上,他就大喊:"哎哟,怎么搞的?"

伙计铃木小姐匆忙弯腰,将钻石戒指捡起来一看,发现这是个纯粹的假货。

铃木微笑着,规矩地问道:"对不起师傅,您掉在地上的这颗钻石戒指是假的。根据店里的规定,我们要对您搜身检查。"

暴发户一听此言,立刻大声嚷嚷道:"你们这是侵犯我的隐私权,我不同意。"

但是,伙计铃木小姐的态度非常强硬,暴发户无奈,只得同意搜身检查。但是,最终他们翻遍了暴发户身上的每一处口袋,每一个可以暗藏的地方,也没有发现钻石的痕迹。

伙计铃木小姐虽然坚信钻石戒指是这个暴发户调的包,无奈却抓不住任何证据。到最后,只能给暴发户致歉,并补偿了他一笔精神损失费。

真相是,钻石戒指的确是这个暴发户调包偷走的,但他到底是怎样做的呢?

参考答案

这个看起来是暴发户的人,其实是个小偷,钻石便是他偷的。他拿着钻戒假装看货,在伙计不仔细注视的时候,用口香糖敏捷粘住钻石,粘在桌子的反面,然后再掏出假钻石,装作不小心掉在地上。等伙计去查验假钻石的时候,他就伺机将真钻石取走了。

明星模仿

潘尼卡普公司雇佣了3位女性,让她们按自己的想法来模仿3个著名歌星。根据所给的信息,你能说出每位女性的姓名、在潘尼卡普公司的工作部门和她们将要扮演角色吗?

教你思考

1. 帕慈将扮演的麦当娜,她不在财务部工作。

2. 海伦·凡尔敦自从离开学校后就一直在潘尼卡普工作。

3. 销售部门的领导将要扮演蒂娜·特纳,但她不是坦娜夫人。

4. 将扮演伊迪丝·普杰夫的并不是卡罗琳。

姓名:帕慈,海伦·凡尔敦,卡罗琳。

部门:财务部,销售部,人事部。

歌星:麦当娜,蒂娜·特纳,伊迪丝·普杰夫。

参考答案

由于扮演麦当娜的帕慈是在财务部工作(线索1),也不在蒂娜·特纳的扮演者所在的销售部(线索3),所以她一定是在人事部。通过排除法,来自财务部的女性将扮演伊迪丝·普杰夫,但她不是卡罗琳(线索4),故必定是海伦·凡尔敦(线索2)。销售部扮演蒂娜·特纳的那位不是坦娜夫人(线索3),所以她姓玛丽尔,通过排除法,可以知道她的名字是卡罗琳。同样通过排除法,得到来自人事部的帕慈就是坦娜夫人的名字。

销售部是卡罗琳·玛丽尔,扮演蒂娜·特纳。

财务部是海伦·凡尔敦,扮演伊迪丝·普杰夫。

人事部是帕慈·坦娜,扮演麦当娜。

咖　啡　因

　　G市著名富商加特两年前丧偶。近来,他结识了一位年轻貌美的小姐卡洛琳。加特患了心脏病,卡洛琳小姐无微不至地照顾他,还特地给他请了一名医生,以便随时为他检查身体。

　　两个人甜蜜地过着日子。一天,加特正在花园里看报纸,卡洛琳端着一杯热气腾腾的咖啡走了过来。加特微笑着接过咖啡,慢悠悠地品尝。但咖啡还没有喝完,他就倒在地上气绝身亡了。

　　卡洛琳小姐报案,警察赶到现场,进行了仔细勘查。警长要求对那杯咖啡举行化验。此时,已经赶到现场的医生说了一句话:"这杯咖啡肯定没问题,不信我再兑一点水,喝给你们看。"

　　警长问道:"这是一杯纯咖啡吗?"

　　卡洛琳回答道:"是的,这是一杯纯咖啡。"

　　警长点头说道:"那么,二位,请跟我到警察局去一趟吧。我怀疑凶手便是你们俩。"

　　为什么警长会这样说呢?

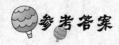参考答案

对患了心脏病的患者来说,浓度越高的咖啡越有伤害,何况这是一杯纯咖啡!这杯咖啡含有的咖啡因相当于几十倍加工过的咖啡,足以致心脏病人殒命。凶手便是卡洛琳和这位大夫。卡洛琳为了得到遗产,与医生合谋害死了加特。

供　词

桥边捞起一具年轻女子的尸体。警方询问一个划着小船最先到达现场的男人。他说:"那名女子跳水前我正全速划向桥边,我亲眼看到她在桥上摘下帽子往下跳。"但是,办案经验丰富的刑警立刻发觉他报告中的漏洞。

那么,漏洞在那儿呢?

参考答案

因为船是向后划的,而船上的男人是背对着桥全速划船的,所以,他不可能望见桥上发生的事情,他在说谎。

雪地留下的证据

有一年冬天,雪下得特别大,积雪厚度达到了 30 厘米。有一天的清晨,四周白雪皑皑,一位罪犯在自己的家中杀人以后,穿过一片空地,将尸体扛到邻居家一间正在建造的空屋内,转移了杀人现场。然后,他按原路返回家中,拨通了报警电话。

几分钟后,警探的巡逻车赶到了。他装作发现者的样子,若无其事地说:"本日清晨,我扫雪,去邻居家找推雪板,却发现了一具年轻的尸体,着实把我吓了一跳。因为空屋四周没有其他人和凶手的脚印行踪,只有我一个人出入的脚印行踪,所以这个人肯定是昨天夜里下雪前在空屋里被杀的。"

但是,警察在听完这位报案者的报告以后,斩钉截铁地说道:"不用诡辩了,你便是凶手。"

那么,警察是怎样发现的呢?

参考答案

警察发现往返的脚印行踪有差异。扛着尸体时重量增大,留在雪地上的脚印行踪就比较深;返回时是空手而归,脚印行踪浅,于是断定报案者便是凶手。

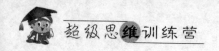
尸体认领

在一幢小楼里住着 3 个单身汉,一个是伊斯兰教徒,另一个是天主教徒,还有一个是无神论者。在一个星期五的晚上,这座小楼发生火灾,不幸这 3 个单身汉全被烧死了,而且烧得面目皆非,家人也无法辨认。

后来,法医进行解剖,发现第一具尸体的胃里有一些还未消化的猪肉,第二具尸体的胃里有一些未消化的牛肉,而第三具尸体的胃里

只有一些素食。根据这一发现，3 位死者的亲友，很快认领走了自己亲人的遗体。

请问：死者的亲友是怎样根据尸体胃中的食物来认领尸体的呢？

参考答案

死者亲友是根据死者信仰的宗教与胃里的食物来辨认的。因为伊斯兰教徒不吃猪肉，天主教徒在星期五就应该吃素。所以，胃中有素食者的是天主教徒，胃中有牛肉者应该是伊斯兰教徒，剩下的一具胃中有猪肉的必然是无神论者。

警长聪明的判断

在一个风光如画的旅游胜地，大批美国游客前来度假。这天，当地的警署突然接到一个旅游团的报警电话，旅游团的导游说，他们团里有一名美国女游客失踪了。据和女游客住在一起的人回忆，这位女游客昨天晚上说想要买一顶太阳帽，然后就出去了，时间大概是晚上10 点。

在没有任何有价值线索的前提下，警长带着几个警察去附近的商店探求线索。他们来到了一家又一家商店里，询问店主是否见过一位曾经来买帽子的美国女士。结果，在一个冷僻的商店里，店主回答了警长的问题。他说，他确实看见过一个美国女客人，这位女客人买了一顶黑猫太阳帽。他看指着墙上的太阳帽对警长说："您看，便是那

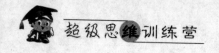

一种。"

警长看着帽子说:"是大眼睛的那种吗?"

店主点着头说:"没错,便是那一种。"

这时,警长对店主说:"我是警察,正在勘查美国女客人失踪案,想查看你的商店,望你配合。"

结果,警长真的在此店主的库房里发现了这位游客的尸体。那么,他到底是怎样判断的呢?

参考答案

失踪的人是个美国人,而在美国有一个习俗便是:忌讳黑猫。美国人认为黑猫是不祥的动物,她无论如何也不会去买一顶黑猫太阳帽的。很显然,店主在说谎。

说些什么

在某国同一座城市里有两家大的汽车制造公司——A 公司与 B 公司,这两家公司是竞争对手,它们都想得到对方的技术情报,互相防范得很严。

终于,A 公司的工业间谍找到了机会,他们在 B 公司董事会议室对面的楼上租下来一间房,并且成功地拍摄到董事们开会的影片。但遗憾的是录不到声音,所以谁也猜不出这些董事们讲的究竟是什么,这样,费尽九牛二虎之力摄得的影片就一点用都没有了。

到底有没有办法能知道他们说的是什么呢？

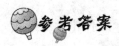 参考答案

　　聋哑人在和别人谈话时候不是听声音，而是看口型，请一位聋哑学校的教师来，他也许可以告诉你董事们说了些什么。

谁是凶手

出版商罗伊小姐在自己家里被杀害了。警方敏捷侦查,找出了3个怀疑犯:分别是作家琳达,印刷厂法人代表亨特和罗伊小姐的前夫汤姆。警方分别询问了3个人。

作家琳达的证词是:那晚我确实去找过罗伊。我们讨论的问题是重新签订版税条约的事情。之后,罗伊倒了一杯冰镇饮料给我喝,约摸又过了5分钟,我离开了。

亨特的证词是:我那晚8点左右去找罗伊,准备向她要回欠印刷厂的费用,但是她根本不与我谈钱的事情。之后,我走了,对了,在走之前我们喝了一些冰镇苏打水,楼下看门的老人能证明我是什么时间离开的。

汤姆的证词是:我和罗伊虽然因为产业问题离了婚,但是分手后,我们还是好朋友。那晚,我去看她,发明她的情绪很不好。我在她那边只喝了一杯白水,聊了一会儿,就走了。

警察没有在现场找到射杀罗伊的弹壳,只找到了留有死者清楚指纹的玻璃杯。据预测,当晚的温度大概是37℃,那么凶手到底是谁呢?

参考答案

根据这几个人的供词就可知,作家琳达小姐和印刷厂法人代表亨特喝的都是冰镇饮料,而汤姆喝的是白开水。在37℃的高温下,冰镇

饮料会让杯子表面很快结出一层水珠,这样死者留下的指纹应该是暗淡的。而常温下,手碰触杯子以后,留下的指纹应该是清楚的。所以,死者罗伊最后见的人是前夫汤姆,也就是说,汤姆是杀害罗伊的真正凶手。

发生在火车上的命案

比利探长准备去英国某地度假。在火车站,他看到了一位穿黑色长裙的贵妇人。这位妇人用轮椅推着一位老人慢慢走着;老人在轮椅上蜷缩成一团,表情非常僵硬。

比利探长走近贵妇人说:"太太,我能帮您做点什么吗?"

贵妇人答道:"谢谢,不用了。"但是说完,她又叹了一口气说道:"轮椅上的是我父亲,他已经瘫痪一年多了,现在我正准备带着他去 B 市治病。"

比利说:"那真是太巧了,我恰好也要去 B 市,我们倒是可以结伴随行。"

贵妇向比利致谢,但是她丝毫没有要和比利同行的意思,只是独自推着轮椅,渐渐消失在火车站的人群中。

比利站在站台上,远处已经传来了火车的呼啸声。火车就要到站了,突然,尖利的刹车声响彻了整个站台,火车还是没有刹住闸,撞向了铁轨上的轮椅。轮椅上的老人当场殒命。

此时,比利望见那位贵妇哭喊着跑过来,说道:"天啊,我正在等车,谁知道火车进站的时间,一股强大的气流向我吹过来,把我一下子

心智的巅峰对决

向外吹,我临时站不稳,跌倒在地上。而我父亲的轮椅失去控制,冲出站台,卡在铁轨上。上帝啊,这该死的站台,我要去控诉这个火车站!"

这时,站在一边的比利冷冷地说:"夫人,恐怕您在说谎。"然后,他又对铁道警察说:"你们可以把这位夫人带回去,人是她杀的。"

比利到底是怎样判断出的呢?

参考答案

比利首先发现的疑点是,此妇人要带父亲去外地治病,但是却没有带任何行李。其次,最重要的便是妇人关于火车进站时的叙述。火车进站时,由于车速很快,火车四周会形成强大的低气压,这样的气压不会将人向后吹,反而会把穿宽大衣服的人吸过去(此妇人穿了一件宽大的黑色长裙)。所以,贵妇人明明是在说谎,她便是凶手。

特工的判断

A 国和 B 国正在举行商业战争。B 国特工艾伦从 A 国获取了一份非常有价值的情报。A 国派出特工特尔准备行刺艾伦。跟踪到最后,特尔知道艾伦住进了国际饭店,他也办了登记手续,在艾伦对面住下。

特尔将自己的手枪装上消声器。快要天黑时,他用万能钥匙打开了艾伦房间的门。进入房间以后,他打开了艾伦房间的床头灯,发现除了一只有些陈旧的闹钟以外,别无他物。他又做了一遍查勘,并没有找到那份文件。特尔立刻报告,得到的答复是:干掉艾伦。特尔关掉了艾伦房间的灯,坐在那边默默地等候着艾伦。

10多分钟以后,外面传来了艾伦的开门声。进门时,艾伦犹豫了一下。接着,等在黑暗中的特尔就发现一个黑影扑了过来。他立刻开枪,精确地击中了那个黑影。正在他以为大功告成的时候,又一声枪响,特尔倒在地上,感到一阵剧痛。灯亮了,艾伦走进来微笑着说:"对不起,刚刚那个黑影是我的衣服,你很不走运,要是不开灯的话,现在倒下的便是我了。"

那么,艾伦是怎么知道屋里有人呢?

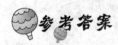

参考答案

特工的特点之一便是观察仔细。按常理来说,闹钟的指针上都涂着荧光粉,为的是方便晚上查看。荧光粉若被光亮照射,会变得发亮,要是长期不用,它就会变得昏暗。而艾伦一开门,看到灯光照射的闹钟指针在黑暗中发亮,就知道有人来过了。

慢跑老人死亡

有位退休的工人A,无论天寒地冻,总是在早晨坚持慢跑锻炼。

在一个寒冷的早晨,他像平常一样,很早就起床到野外慢跑,后来发现他死在回家的路上。

经过警方的调查,老人死亡原因是被人用硬物从脑后袭击致死

的。当时在他前面慢跑的还有 3 位老人，此外还有一名中年男子牵着狗在周围散步。

你认为这 4 个人谁可能是凶手？他用的是什么凶器？

参考答案

凶手有可能是牵着狗散步的中年男子，因为牵狗的铁链子可收束成一团向人脑后打去，足可使老人致死。

第三章　推理在进行

太阳系间谍

随着 25 世纪银河系中政治情况的不稳定,地球人制造的高智能服务系统不得不认真检查"地球"这颗行星上的所有来访者,寻找着造访的所有外国间谍。下面是被抓到的 5 个间谍的具体情况。根据所给出的线索,你能说出每个间谍来自的星球、各自所属的智能体系和他们是以什么假地球身份作掩护的吗?

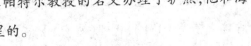
教你思考

1. 莫比克·奎弗不是榻·凯纳的代理,榻·凯纳使用了联合行星难民组织中的洛浦兹医生身份。

2. 1 个间谍以微生物学家帕特尔教授的名义办理了护照,他和海伦·格尔都不是来自那个行星的。

3.艾伦·伯恩斯来自埃斯波兰萨行星,他所在的智能组织要比海伦·格尔所代理的集团的服务器要先进。

4.沙拉·罗帕姆是臭名昭著的齐德尔的一员,他并不是来自阿德瑞基行星,也不是以斯榻福斯的赫斯尼船长身份作掩护。

5.德吉瑞克不是 HFO 的代理,他试图在特雷登陆,并且以汉斯·格拉巴记者的身份为掩护。

6.来自诺德的间谍被抓时是以查斯诺维瑞恩教堂的尼尔森主教的身份作为掩护,他所属的智能集团只有它的创办者才了解。

参考答案

　　由于德吉瑞克使用的汉斯·格拉巴的身份(线索5),并且榻·凯纳的代理使用洛浦兹医生的身份(线索1),来自诺德并且假扮成尼尔森主教的代理属于只有创办者才知道的智能组织(线索6),所以齐德尔的沙拉·罗帕姆(线索4)不是假扮的赫斯尼船长,而是使用了帕特尔教授的假身份。又由于他(她)不是来自格洛姆斯行星(线索2)、阿德瑞基行星(线索4)或者诺德,艾伦·伯恩斯来自埃斯波兰萨行星(线索3),那么他一定来自沃克斯。艾伦·伯恩斯不在榻·凯纳系统(线索3),因此没有使用洛浦兹医生的身份,而他来自的行星排除了他是尼尔森主教的可能性,那么他使用的是赫斯尼船长的身份。因为假扮洛浦兹医生的榻·凯纳代理也不是莫比克·奎弗(线索1),而是海伦·格尔。这样根据线索3,艾伦·伯恩斯是属于NSR,所以由排除法得出莫比克·奎弗来自诺德,并使用了尼尔森主教的身份。由于德吉瑞克不是 HFO 的代理(线索5),而是属于DPA,因此 HFO 的代理是莫比克·奎弗。最后，由于海伦·格尔不是来自格洛姆斯的（线索2），所以他来自阿德瑞基，而德吉瑞克来自格洛姆斯。

 **综上可知**

艾伦·伯恩斯，埃斯波兰萨是 NSR，赫斯尼船长。

德吉瑞克，格洛姆斯是 DPA，汉斯·格拉巴。

海伦·格尔，阿德瑞基，榻·凯纳是洛浦兹医生。

莫比克·奎弗，诺德，HFO 是尼尔森主教。

沙拉·罗帕姆，沃克斯，齐德尔，帕特尔教授。

罗马遗迹

博物馆的展品中有 20 世纪 60 年代发现的 4 个罗马墓碑。根据下面的线索，你能填出图片上每块墓碑的细节，包括墓碑主人的名字、职业和去世的时间吗？

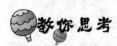 **教你思考**

1. 墓碑 C 的主人是一位物理学家，卢修斯·厄巴纳斯在他去世之后的 12 年也去世了。

2. 墓碑 A 的墓主人不是酒商泰特斯·乔缪尔斯。

3. 墓碑 D 是朱尼厄斯·瓦瑞斯的墓碑。

4.马库斯·费迪尔斯在公元1984年去世。

5.那名职业拳击手是在他的最后一场拳击赛中被杀的,当时是公元1996年。

6.在公元1960年去世的不是古罗马13军团的百人队长。

名字分别是:朱尼厄斯·瓦瑞斯,马库斯·费迪尔斯,卢修斯·厄巴纳斯,泰特斯·乔缪尔斯

职业分别是:百人队长,物理学家,职业拳击手,酒商

去世时间分别是:公元1960年,公元1972年,公元1984年,公元1996年

提示:首先要先找出物理学家的名字。

参考答案

刻在墓碑C上的物理学家并不是卢修斯·厄巴纳斯(线索1),也不是刻在墓碑D上的朱尼厄斯·瓦瑞斯(线索3);泰特斯·乔缪尔斯是个酒商(线索2),所以物理学家一定是在公元1984年去世的马库斯·费迪尔斯(线索4)。这样根据线索1推断,卢修斯·厄巴纳斯在公元1996年去世的,并且推断出他是个职业拳击手(线索5)。现在用排除法得出朱尼厄斯·瓦瑞斯是百人队长,他不是在公元1960年去世(线索6),而是在公元1972年。通过排除法,泰特斯·乔缪尔斯是在公元1960年去世的,但他的名字不是刻在A上的(线索2),而是刻在B上的,A是职业拳击手卢修斯·厄巴纳斯的墓碑。

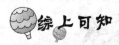

墓碑 A 是卢修斯·厄巴纳斯,职业拳击手,公元 1996 年。

墓碑 B 是泰特斯·乔缪尔斯,酒商,公元 1960 年。

墓碑 C 是马库斯·费迪尔斯,物理学家,公元 1984 年。

墓碑 D 是朱尼厄斯·瓦瑞斯,百人队长,公元 1972 年。

沙 坑

在操场上的一个角落里有一个沙坑,4 位母亲站在沙坑的四周(A、B、C、D),看着自己的孩子在沙坑里(1、2、3、4)玩耍。根据下面的信息,你能分别说出这 8 个人的名字,并给他们配对吗?

教你思考

1. 站在 C 位置上的不是汉纳,她的儿子站在了顺时针方向上爱德华的旁边。

2. 卡纳在 4 号位置上,而他的母亲并不在 B 位置。

3. 詹妮的孩子站在 3 号位置。

4. 丹尼尔是莎拉的儿子,他站在逆时针方向上的雷切尔儿子的旁边,而雷切尔站在 D 位置。

5. 没有一个孩子是在沙堆里的位置与各自母亲的位置相对应。

母亲:汉纳,詹妮,雷切尔,莎拉

儿子:卡纳,丹尼尔,爱德华,马库斯

提示:要先找到卡纳的母亲。

参考答案

詹妮的孩子是在3号位置上(线索3)。4号位置上的卡纳(线索2)不是D位置上的雷切尔的儿子(线索4和5),丹尼尔是莎拉的儿子(线索4),通过排除法,卡纳的母亲是汉纳。再根据线索1,爱德华是詹妮的孩子,他在3号位置,雷切尔的儿子是马库斯。我们知道汉纳并不在D位置上,也不是在C位置(线索1)或B位置(线索2),因此她一定在A位置。詹妮不是在C位置(线索5),而是在B位置,剩下

C位置上的是莎拉。丹尼尔不在2号位置（线索4），那他一定是在1号，剩下马库斯在2号位置，这由线索4证实。

综上可知

A位置是汉纳；4号位置是卡纳。

B位置是詹妮；3号位置是爱德华。

C位置是莎拉；1号位置是丹尼尔。

D位置是雷切尔；2号位置是马库斯。

上下车的乘客

一辆公共汽车在行车途中7次停车。在这个特别的旅途上，第一次到第七次中的每次停车都各有一个人下车和一个人上车。根据下面的线索，你可以说出每个停靠点的站名以及每次上车乘客及下车乘客的名字吗？

注：在这次旅途中，每个乘客的名字都是不一样的，故上车的阿尔玛与下车的阿尔玛是同一个人。

教你思考

1.罗宾是在最后一次停车时上车的。

2.西里尔是在市场广场下车的，那时乔斯已经下车，他们两个下

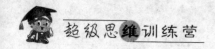

车时莱姆还没有上车。

3. 在1号停车点上车的乘客在6号停车点下车,在前一站下车的是一名男乘客,但下车地点不是植物园。

4. 布伦达上车时刚好欧文在此站下车。

5. 皮特和梅齐一路上都不曾在车上相遇,梅齐是在邮局的前两站下车的,莱斯利是在邮局站上车的。

6. 在来恩峡谷站上车与下车的分别是一名男乘客和一名女乘客。

7. 在三号停靠点狐狸和兔子站上下车的乘客都是女乘客。

8. 在国会街站的下一站马克斯下车了。国会街站不是四号站,阿尔玛也不是在四号站下车的。

站名:植物园,来恩峡谷,市场广场,板球场,狐狸和兔子站,国会街,邮局

上车乘客分别是:阿尔玛(女),莱姆(男),马克斯(男),布伦达(男),莱斯利(男),皮特(男),罗宾(男)

下车乘客分别是:阿尔玛(男),西里尔(男),布伦述(男),乔斯(女),梅齐(女),马克斯(男),欧文(男)

参考答案

由于在三号停靠点狐狸和兔子站(线索7)下车的女乘客不是在邮局站上车的莱斯利(线索5),也不是在欧文下车的站点上车的布伦达(线索4和7),那她一定就是阿尔玛。因为在一号停靠站下车的男人(线索3)不是马克斯,因此马克斯的下车站点在他上车站点的后面,并且也不是西里尔(线索2),那他一定就是欧文,而布伦达在一号

站上车（线索4）。这站不是植物园（线索3）或者来恩峡谷（线索6），也不是西里尔下车的市场广场（线索2），我们已经知道它不是狐狸和兔子站或者莱斯利上车的邮局站，马克斯不在二号站点之前上车，根据线索8，国会街不是一号站点，马克斯不在二号站点下车，因此通过排除法，一号站点是板球场。线索3告诉我们，在六号站点下车的是布伦达。马克斯不在三号站点下车（线索7），那么二号站点不是国会街（线索8）。这个线索也说明国会街不是四号、五号或七号站点，我们知道它也不是一号或三号，那它一定是六号站点。由此得出马克斯在七号站点下车，而罗宾在这站上车（线索1和8）。上、下车的乘客排除了七号站点是邮局站或市场广场站的可能，它也不是来恩峡谷站（线索6），那就是植物园站。二号站点不是市场广场站，我们知道乔斯不在一号站点（线索2）或邮局站（线索5）下车，排除法得出他在来恩峡谷站下车。现在我们已经知道4个乘客下车的站点名。在三号狐狸和兔子站上车的阿尔玛不是在三号或二号来恩峡谷站下车的，那她一定在莱斯利上车的邮局站下车，但不是四号站（线索8），也不是一号、二号、三号、六号或七号，那只能是五号站。根据线索5，梅齐在三号狐狸和兔子站下车。通过排除法，四号站是市场广场，西里尔在这站下车，剩下乔斯在二号站下车。线索2告诉我们莱姆不是在二号或四号站上车，而是在六号站上车。在二号站梅齐还没有下车（线索5），皮特不在二号站上车，而是四号站，剩下马克斯在二号站上车。

一号是板球场，布伦达上车，欧文下车。

二号是来恩峡谷，马克斯上车，乔斯下车。

三号是狐狸和兔子站，阿尔玛上车，梅齐下车。

四号是市场广场，皮特上车，西里尔下车。

五号是邮局，莱斯利上车，阿尔玛下车。

六号是国会街，莱姆上车，布伦达下车。

七号是植物园，罗宾上车，马克斯下车。

有破绽的钓具

韩国都城首尔位于汉江右岸，居住在该市的高利贷主李光健，其唯一的兴趣便是垂钓，以此来消愁解闷，也可驱赶几分孤单。

有一天，他照例起得很早，准备好钓具放到车子里正要出发时，金子民却突然冒了出来——他从李光健这里借了不少高利贷。

"你借的那笔钱，明天就到期了，可别忘了呀！"李光健提醒说。

"今日只能还上利钱。本金还没凑齐，能不能再延期一个月？"金子民说。

"好吧！谁叫你是我的朋友哩。"李光健收下利钱后正准备开收据，这时，金子民从身上取出早已准备好的铁扳子，照着李的头部猛地砸去，对方哼也没哼一声就断气了。

金子民把刚交的利钱又拿了回来，并从保险柜中取出借据，然后将李的遗体用毛毡裹好塞进小车后排座位，驱车朝汉江上游奔去。

他顺着汉江支流开到冷僻的远离村落的清流河滩上，从车上卸下遗体，把死者口袋里的现金及手表等值钱东西全部掏光后，将遗体扔进了浅水滩上。

不巧,金子民对垂钓是个门外汉,连怎样把渔线拴在鱼竿上都不知道,就更不用说装坠子和鱼饵了。他想,与其乱装一气,不如不去动它,就按李光健事先准备好的样子扔在了沙滩上。这样倒可以造成李光健刚到垂钓场,正准备垂钓时遭到歹徒袭击而被害身亡的假象。

过去,金子民开车兜风路过此地,曾两三次见过李光健在这儿垂钓,不管怎么说,这里像是李光健垂钓的地方。

金子民伪装好现场后,将李的汽车也留在这里,快速离开了,并绕了很大的圈子上了干线公路,乘公共汽车回到首尔市内。

第三天,倒在河滩上的李光健的遗体被发现。办案的警察也是个垂钓迷,他将丢在河滩上的钓具一拿到手里查看后,便肯定地说:"死者并不是在此河滩被害的,是出来垂钓前被杀的,而后遗体又被转移到这里的。凶手大概是对垂钓一窍不通的外行。"

那么,凶手金子民到底留下了什么漏洞?

参考答案

留在现场的钓具鱼竿、渔线、鱼钩、坠子、鱼饵等,实际上是用于钓海鱼的,也就是说,李光健那天是准备去海边垂钓的。

因为金子民以往见过李光健在河里垂钓的情景,便错以为他这次也是去河滨垂钓,于是把遗体转移到河滩上。尽管首尔离海边很远,但也常有人去海边垂钓。

金子民没有向被害人确认一下"今日是去钓海鱼呢还是去钓河鱼",就伪造了现场,暴露了很大的漏洞。

失踪的轿车

维克是一个爱车如命的人。这一天,他驾着他那辆豪华轿车,来到一家咖啡店赴约。因为咖啡店附近没有停车场,维克只好把车停在咖啡店的门外。

他在咖啡店里和人正谈着生意,突然觉得还是把车放在停车场最为安全,于是匆匆向对方道歉,请他稍等一下,三步两步赶出门去,可是他那辆豪华轿车已经无影无踪了。

维克知道车被人偷了，立刻拨打电话报警。但是他无法理解的是，咖啡店门外人来人往，非常热闹，而且这辆车的车门很牢固，又加了防盗锁，一般人是无法打开的。

那么，窃车人是用什么方法在光天化日之下把汽车偷走的呢？请你帮忙想想看。

参考答案

只要在汽车上挂上"违规停车"的牌子，就可以用其他汽车把这辆车当众拖走，行人一般都不会注意这种事。

照片是假的

星期六下午 2 时左右，亿万大亨哈利的家中进了扒手，古埃及的秘宝被盗走了。

侦探摩尔马上就赶到了。查勘了一番现场之后，摩尔认为从作案手法看，很像是女盗贼莉达所为。于是，侦探摩尔很快找到了莉达。当问及有没有不在现场的证明时，莉达拿出一张照片，做了以下的回答：

"要是在星期六下午 2 时，我正在赛马俱乐部呀，这便是当时的照片，我正在上马时朋友给拍下来的。你瞧，怀念塔的大钟指的是 14：00 吧？所以我不是案犯。"

但是，摩尔侦探只扫了一眼照片，便看出了此中的花样。

"这张伪造的照片是骗不了人的,这是上午 10 时拍的。"

那么,照片上的什么地方不合情理?

参考答案

从右侧上马是错误的。西方的骑术,哪怕是左撇子也必须从马的左侧上马。莉达的照片,为了把上午 10 时弄成下午 2 时,就故意将底片翻过来洗,却忽略了上马的位置。

宋代瓷瓶

一天,住在日本名古屋的一位少女忧心忡忡地走进矢村侦探所,说有件非常棘手的事情恳求他帮助。

原来少女父母双亡,留下一份颇丰的遗产,此中最有价值的是一只中国的宋代瓷瓶。不料,她的叔叔看中了这只花瓶,称愿花 1000 万日元买下来。因是父母遗物,她没有同意。之后,她叔叔说,要她把花瓶借给他一天,让他从各个角度把花瓶拍下来,以便自己随时可以欣赏。少女只好把花瓶借给了他。第二天,少女上叔叔家取花瓶时,叔叔却板下脸,说他昨天已经把 1000 万日元给她了,并说当时有女佣在场,可以作证。

矢村很同情少女的遭遇,就接受了少女的恳求。他对少女说:"现在你陪我去见你叔叔。"

到了她叔叔家,叔叔指着那只花瓶,对矢村说:"这是我花了 1000

万日元从她手里买下来的。真奇怪,我明明是从皮夹里拿钱给她的,她怎么说我没有给她呢? 幸亏我的女佣在场,她可以作证。"

"是的!"站在一旁的女佣接口说,"我亲眼所见,每张日元的面值都是1万元。"

矢村寻思片刻,又问女佣:"你确确实实看清了吗?"

"是的,我确实看得一清二楚。"

一听女佣流利的回答,矢村冷冷地对少女的叔叔说:"你侄女说得对,你根本没有给她钱。如你还坚持的话,那么,咱们就上法庭,我可以出示证据。"

果然,叔叔一听要上法庭,乖乖地把花瓶还给了少女。

矢村是怎么看破少女叔叔的谎话的?

参考答案

女佣说他亲眼所见,每张日元的面值都是1万元。如是真的,那么1000万日元就有1000张纸币,皮夹子里怎么能放得下? 这显然是谎话。

报 警

某天夜晚,潜伏在 D 国的 A 国间谍006 在回家的时候,发现 D 国反间谍人员正在偷拍他的秘密文件,于是006 立刻用无声手枪将对方击毙。

心智的巅峰对决

　　但是很不凑巧，由于当时的窗帘没有拉上，006 射杀反间谍人员的情形被住在小河对岸一座孤零零房子里的男子看到了。这个目击者是个独居而行动不便的男子，他总是坐在轮椅上，拿着望远镜向河对岸的房子窥视。006 以前曾经给他打过几次电话向他抗议。

　　由于这个男子亲眼目击了杀人过程，所以他必定会立刻向警方报警。因此 006 无论如何必须阻止他，只要能拖延半小时不让他报警，006 就可以顺利地逃走。

　　小河对岸轮椅上的男子，唯一能采用的报警办法就是拨打电话，而 006 已经来不及跑到小河对岸去把目击者杀死，或是把他的电话线割断。006 应该怎么办呢？

006 可以立即拨打电话给目击者,等对方一拿起话筒,他就能逃走了。

因为只要不是程控电话,通话双方如果有一方不把电话挂断,就一直是通话状态,另一方无法打电话给其他人。006 过去曾给目击者打过电话表示抗议,所以他肯定知道对方的电话号码。

恐 吓 信

坐落在 W 大街的一幢大厦在拂晓 1:00 突然着火,浓烟是从 1015 房间冒出来的。消防队员从房间里救出了梅西,而费莱蒂却被烧死了。

经法医鉴定,费莱蒂是因中毒而亡,时间约摸是之前 1 小时。这说明有人杀害了费莱蒂,又纵火制造了假象。

警方观察得知,费莱蒂因为和丈夫邦迪闹离婚,1 个月前搬到梅西处居住,夫妇二人因产业问题一直未达成协议。蒙特警官认为邦迪有作案嫌疑,立刻带人前往邦迪的住处。

此时已是凌晨 4:00 了,绘画师邦迪仍在挑灯创作。蒙特说明来意,邦迪说:"我知道你们会怀疑我的,这不奇怪。其实我也是受害者,你看,我收到了一封恐吓信。"说着,从口袋里掏出一封信,递给了蒙特警官,只见上面用打字机打着:"知道你是杀害费莱蒂然后又纵火的凶

手,要是不想让我说出事实,你必须在第二天下午19：00带40万现金,到市中心地铁入口处见面,不许报警。"

蒙特看完信,想了想问道:"着火时你在哪里?""一直在这里绘画。"邦迪答道。

蒙特厉声地说道:"不!你就是凶手。"说着,让部属将邦迪抓了起来,邦迪还想反抗,说自己无罪。蒙特警官说出了缘由,邦迪马上不作声了。

你知道是什么缘由吗?

案发刚过3个小时,邦迪不可能在深夜收到这封邮局送来的信,显然信是早就准备好的。

桅杆上的求救信号

近来,劳尔探长在不停地研究市政府官员詹姆森被害的案子。这天薄暮,他驾车来到海边的港口,踏上一只帆船,找到了涉嫌者鲍里金。

鲍里金听劳尔探长说他的朋友詹姆森被人杀害后,惊得嘴里的雪茄差点掉下来。探长向鲍里金询问,出事的时间——也就是那天下午14：00至16：00,他在什么地方。

鲍里金歪着头想了想,说:"哦,那天天气很好。中午12点我驾船出海办事，不料船开出两个小时后，发动机就坏了。那天海面上一丝风也没有，船上又没有桨，我的船被困在大海上，无法靠岸。情急之下，我在船上找到了一块白布，在上面写上'救命'两个黑色大字，然后把桅杆上的旌旗降下来，再把这块白布升上去。"

"哦？"劳尔探长很有兴趣地问，"有人望见它了吗？"

鲍里金笑着回答："说来我也挺幸运的。大概半小时后，就有人驾着汽艇过来了，那人说，他是在3英里外的海面上望见我的呼救信号的，之后，他就用汽艇把我的船拖回了港口，当时已近薄暮了。"

鲍里金说完，轻轻地呼了口气。谁知劳尔探长却对他说："鲍里金，倘若现在方便的话，请马上随我到警局走一趟。"

鲍里金的脸刷地白了："这是为什么呀？"

你知道这是为什么吗？

 **参考答案**

白布和旌旗一样，没有风绝对不可能飘起来，人们更无法看清上面的字。鲍里金正是在这个问题上露出了破绽。

艾特的谎言

某日午夜12时，一幢公寓大楼里发生了一起盗窃案。窃贼趁507室的主人去旅游，将室内现金及贵重物品全部偷走。窃贼在由一楼窗户跳出时惊醒了大楼的管理员。管理员立即报警，警察连夜赶到了

心智的巅峰对决

现场。

住在 506 室的艾特嫌疑是最大的。他是个单身男子，一贯不务正业。警察到 506 室敲门，无人应门，看来艾特没在家。

直到早晨 8 时，艾特才由外面回家，他穿着一套整齐的钓鱼服装，手里拿着钓鱼用具。见到警察来访，艾特显得并不惊慌。

"对不起，艾特先生，昨天晚上 12 点你在哪里？"警察问。

"昨天晚上？"艾特说，"我昨天早晨 7 点就出去钓鱼，一直到现在才回来。"

就在这时，桌子上的老式闹钟突然"铃……铃……"地响起来。艾特立刻吓得面如死灰。警察将面色一沉，说："没错，就是你作的案！"

警察是怎么知道艾特在说谎呢？

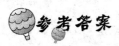

警察听到闹钟一响立刻就知道艾特是在撒谎,连艾特自己也知道事情已经败露。因为老式闹钟只能在 12 小时之内定时,如果艾特昨天早晨出去,那么闹钟绝对不可能在今天早晨响。他肯定是昨天晚上还待在家里,并且给闹钟定过时 。这戳穿了他去钓鱼的谎言。

逃跑的路

一名歹徒刺杀他人以后,骑自行车逃跑。警察追逐逃犯至一个三岔路口。面对三岔路,警察们为难地想:这个逃犯到底会走哪一条路呢? 这时,刑警队长下车,分别在左右两条岔路上查勘了一遍。他发现,这两条路都曾经施过工,地上到处都是泥沙。而且他发现,这两条路都微微有上升的坡度,而这两条路上都有自行车的车轮痕迹。刑警队长蹲下身,细致地做了比较。他发明,右侧路上自行车的痕迹,前轮和后轮大抵相同;而左侧路上,前轮比后轮浅。"哦,我明白了。"刑警队长想。他马上告诉身后的队员,应该选择哪条路继续追踪。那么,他的选择到底是哪条呢? 又是根据什来判断的呢?

参考答案

歹徒是沿着右侧的岔路逃走的,判断的依据便是前轮和后轮留下

的轮胎痕迹深浅完全相同。因为骑自行车时,人的重量都是加在后轮上的,在平坦的路上或是下坡时,前轮的痕迹较浅,后轮的痕迹较深。但是在上坡时,人的身体会前倾,体重会向车把偏移,这时前后轮的痕迹深浅度几乎是一样的。

职业小偷

沈某是一个职业小偷。一天他挤进地铁里,准备作案。一辆列车开过来,他上了车。很快,他瞄准了一位时髦小姐,并偷了她的钱包。等小姐下车以后,他又偷了一位西装革履的男士和一位白发苍苍的老太太的钱包。沈某以为今天很有收获和,便喜滋滋地下了车,找了一个寂静的角落准备数钱。结果他发现,3个钱包里的钱加起来不过100元。接着,他又发现,自己的钱包竟然不翼而飞了。沈某急出一身冷汗。因为,他的钱包里有几千块。接着他又在口袋里发现了这样一张纸条,上面写着:你这个该死的小偷,让你尝尝厉害,看你偷到谁头上来了。

那么,沈某的钱包到底是谁拿走的呢?

参考答案

沈某的钱包是那个时髦小姐拿走的。因为他第一次偷的便是时髦小姐。而此时,他的身上只有自己的钱包。于是,另外两个人的怀疑被清除。因为,在沈某偷完小姐时,身上已经有了两个钱包,而西装

男士和老太太都不知道两个钱包之中哪个才是沈某的。了解沈某钱包的,只有第一个被偷的时髦小姐。

教授离奇死亡

　　某大学教授德利正在和他的朋友考特喝茶。两人一边说一边喝,但不知道为什么,考特感觉脑袋有点晕。他刚想问德利是怎么回事,却发现德利已经昏了。不一会儿,自己也失去了知觉。

　　当考特醒来的时间,已经是第二天了。德利教授已经死了。在教授的脖子上,扎着一枚长约 5 厘米且带有软木塞的针。无疑,这枚针是带毒的。德利教授正是被这根毒针毒死的。

　　是谁杀死了教授?

　　警察在勘探现场的时候问考特:"你和德利教授在屋里交谈的时候,门是从内里反锁的,窗户也是关好的,是吗?"

　　考特回答:"是的,因为我们正在谈一件非常秘密的事情,于是把门和窗户都关严了。"

　　警察问:"这中间有人进来过吗?"

　　德利回忆了一下说:"有的,教授一个年轻的助手曾经中途进来送过一个水壶,就放在教授后面的火炉上。之后的门是教授自己锁上的,因为他说,他不想让人打扰我们的交谈,而且他也已经不信赖自己的助手了。"

　　警察对考特说:"你和我们一起去看看那个水壶吧。"

　　考特仔细地看了水壶,然后说:"这个水壶好像有点不一样了,我

记得原来这里有个塞子塞着的。"突然,他像想起了什么,立刻叫警察把那根杀死教授的毒针拿来,结果发现这根针上的木塞正是曾经塞在壶嘴上的那个。

这时,两人都明白教授是怎样被害的。那么,这个带有软木塞的毒针是怎样刺进德利教授的脖子的呢?

参考答案

水蒸气膨胀,它的体积大约要比水大 1800 倍。德利的助手利用水蒸气的特点,把封死壶盖的水壶放在炉子上,再用插有毒针的软木塞把壶嘴塞住,然后将壶嘴对准德利所坐的位置和他脖颈的高度。当水烧开时,水蒸气把软木塞、毒针同时射出,扎在德利教授的脖子上,到达杀害教授的目的。

保险柜里的证据

有一天晚上,A 正在办公室里独自饮酒,突然有一个汉子闯了进来。

"别动,我要杀死你!"

说着那汉子掏出了手枪,马上就要扣扳机。A 却若无其事地说:"先等一等,我想知道是谁叫你来杀我的?"

"这个……你,你不必问,那人要付给我一大笔的钱。"

"那么,我出 3 倍的钱,买自己的命,你看如何?"

这汉子一听 A 要出 3 倍的钱, 心动了。

A 又倒了一杯酒, 说: "来一杯吧, 我说话算话。"

那汉子接过酒一饮而尽, 但手中的枪仍然对着 A。

A 指着保险柜说: "钱就放在柜子里, 你⋯⋯"

"你自己把打开它吧。⋯⋯不! 慢点儿, 那里面有枪吗?"那汉子说。

"绝不可能! 再说你可以自己把钱拿出来的。"A 边说边打开保险柜, 那个汉子把一叠装有钞票的信封拿出来。当那人在看信封中有多少钞票时, A 把保险柜的钥匙和酒杯放进保险柜里面, 然后关上保险柜的门。

A 立即转身对那汉子说: "信封里面没多少钱, 但你现在不敢杀我了。如果我死了, 警方会立即把你拘捕, 因为保险柜里锁着你留下来

的重要证据。"

那汉子先是一愣，然后就要发火，但最终还是乖乖地溜走了。

请你想想，保险柜中锁着的是什么证据呢？

参考答案

A把玻璃杯和钥匙锁进保险柜，玻璃杯是重要的证据，因为那人的指纹和唾液都留在了玻璃杯上，这就能使警方很快破案。

地理知识

在北纬29°以北的一个小镇里，某天晚上9点发生了一起杀人案件。很快就找到了怀疑犯，刑警立刻对他进行审问。

"昨晚9点左右你在哪儿？"

"在河滨与我女朋友交谈。河水是由东流向西的。在南岸，昨夜是满月，河面上映出的玉轮真好看。"

听到这里，一个警官立刻说："你说谎！这么说，罪犯便是你。"

参考答案

嫌疑人说是在东西流向的河南岸坐着，即他是面朝北的。在北纬29°，在北回归线以北，可以看到月球和太阳一样在天空的南部东升西落。要是他面朝北，是看不见玉轮在河中的倒影的。

青天的断案妙计

李清是远近闻名的断案专家，人称"李青天"。一天，他刚断完一桩偷窃案，正要退堂休息的时候，就听到有人击鼓喊冤。喊冤的是一个贩子。李清让他报上名来。贩子叫张贵，状告木匠铺的王二欠债不还。案情报告完毕，张贵将200两银子的借据呈给了李清。借据上，有李四和孙五两个中间人的署名。

李清下令衙役将欠债人王二和两个中间人带到县衙审讯。不一会儿，衙役就将这3个人带了过来。

李清问："王二，你向张贵借了200两银子，可有此事？"

王二说："老爷，这是没有的事情。"

李清将借据举到王二的面前问："那么，这张借据上的签名，是不是你的呢？"

王二说："老爷，我都没有借款，那会在这借据上的签名？"

李清道："将笔墨拿来。"

衙役备好笔墨，王二在纸上写出自己的名字，李清一比较，两个签名竟然分毫不差。

此时，李清想：要是借据是真的，他这样痛快地写出自己的签名，岂不是在证实自己有罪吗？突然，他灵机一动，想出了一个法子，立刻就破案了。

那么，李清到底想了什么法子呢？

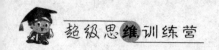

李清让衙役把纸和笔分给原告张贵以及中间证人李四和孙五，并对他们说："你们离开站好，张贵借款是上午借的，下午借的，还是晚上借的？你们要在纸上一一写好。不得交头接耳。"这样一说，张贵以及两个中间人大惊失色，不一会儿，3个人统统跪下，叩头认罪。

蛛丝马迹

金秋10月的一天，人们在僻静的湖边发现了一名少女的尸体。经过调查，死者叫艾琳娜，是一位空中小姐。她是被人扼颈窒息而死的。但颈部没有留下指纹，身上没有血迹，现场也没有留下对破案有用的任何线索。

警方认为最值得怀疑的是她的男友阿彼得，因为他俩近来频频地发生争吵，然而却没有证据指控他谋杀，阿彼得否认他与艾琳娜去过湖边。

怎么办呢？好在细心的R警长在现场终于找到了唯一有力的物证，经过检验阿彼得的血型之后，立刻提出了起诉，并将阿彼得捉拿归案。案情公布后，人人都佩服R警长，说他真的是明察秋毫。

参考答案

湖边是蚊虫比较多的地方,R警长发现了一只吸过阿彼得血的死蚊子。

谁是正确的

某煤矿发生了一起矿难。现场的人有以下断定:

矿工甲:矿难的缘由是配置问题。

矿工乙:确实是有人违反了操作规程,但矿难的缘由不是配置

— 121 —

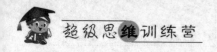

问题。

矿工丙:要是矿难的缘由是配置问题,则有人违反了操作规程。

矿工丁:矿难的缘由是配置问题,但没有人违反操作规程。

A. 矿工甲的断定为真。

B. 矿工乙的断定为真。

C. 矿工丙的断定为真,有人违反了操作规程。

D. 矿工丁的断定为真,没有人违反操作规程。

那么正确答案到底是什么呢?

参考答案

其实,仔分析一下就可以看出,矿工丁的说法是正确的,所以答案是 D。

真话是哪个

有甲、乙、丙、丁 4 个小孩在踢足球。其中一个小孩不小心把足球踢到楼上,打碎了李阿姨家的玻璃。李阿姨非常生气地走下楼来,问是谁干的。

甲说是乙干的,乙说是丁干的,丙说他没干,丁说乙在说谎。他们 4 个人当中,有 3 个人说了假话。

你知道是谁打碎了李阿姨家的玻璃吗?

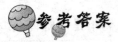

乙和丁中肯定有一个小孩在说谎,假设乙没有说谎,那么这件事便是丁做的,而丙说的话也同样正确,因为只有一个孩子说了实话,所以乙在说谎。也便是说,这4个孩子中,只有丁说了实话。因此可以断定,是丙打碎了李阿姨家的玻璃。

电话号码和职员

有A、B、C、D、E5个人,分别是周师傅、吴师傅、郑师傅、王师傅、冯师傅5个公司的职员。一天上午,他们分别在10点20分、10点35分、10点50分、11点05分、11点20分,在自己的公司里,给其他4个公司中的上述某个人打了电话,所打电话的号码分别是2450、3581、6236、7904、8769。

已知:

(1)10点50分,一位小姐给吴师傅公司打了电话。这位小姐的电话号码不是2450。

(2)甲公司的电话号码为7904,C女士没有打这个电话号码,郑师傅公司半个小时前打了这个电话号码。

(3)10点20分所打的那个电话的号码各数之和与A小姐所打的那个电话号码的各数之和相等。

(4)王师傅公司在11点过一点拨通了B女士的电话,这个电话号

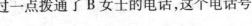

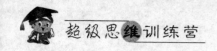

码的第一个数字是偶数。

（5）D师傅要通的电话的号码是8769，但这个号码不是周师傅公司的电话号码。

（6）E师傅也打了电话。

请依据上述条件确定：

①何人在何时给哪家公司打了电话？所用电话号码各是多少？

②每个人各是哪家公司的职员？其电话号码各是多少？

参考答案

①A小姐在10点50分给吴师傅公司打了电话，所用号码为3581；B女士在10点35分给周师傅公司打了电话，所用号码为7904；C女士在11点05分给冯师傅公司打了电话，所用号码为2450；D师傅在11点20分给王师傅公司打了电话，所用号码为8769；E师傅在10点20分给郑师傅公司打了电话，所用号码为6236。②A小姐是周师傅公司职员，其电话号码是7904；B女士是郑师傅公司职员，其电话号码是6236；C女士是吴师傅公司职员，其电话号码是3581；D是冯师傅公司职员，其电话号码是2450；E师傅是王师傅公司职员，其电话号码是8769。

生命的诞生

4个刚出生的婴儿躺在产科病房内相邻的几张小床上。根据下面的信息,你能辨认出每个新生儿的姓名和他们各自的年龄吗?

教你思考

1.2 号床上的丹尼尔要比基德早一天出生。

2.阿曼达·纽康姆博比 1 号床的婴儿晚一天出生。

3.托比不是在 2 天前出生的,他也不在 3 号床上。

4.博尼夫人的小孩刚刚出生 3 天。

名:阿曼达,吉娜,丹尼尔,托比

姓:博尼,纽康姆博,基德,沙克林

年龄:1 天,2 天,3 天,4 天

提示:要先找出年龄最大的孩子的姓。

 参考答案

　　由于小博尼只有3天大(线索4),并且4天前出生的婴儿不是基德(线索1),也不是阿曼达·纽康姆博(线索2),所以他一定姓沙克林。线索1告诉我们,他不是2号小床上的丹尼尔,同时也说明了丹尼尔不姓基德。我们知道丹尼尔不姓纽康姆博,因此他姓博尼,年龄只有3天。根据线索1,姓基德的婴儿的年龄是2天,通过排除法,剩下阿曼达·纽康姆博是最晚出生的。根据线索2,1号小床上的婴儿只有2天大,她姓基德,但不叫托比(线索3),由此得出她叫吉娜,剩下托比姓沙克林。后者是不在3号小床上(线索3),而是在4号小床上,剩下阿曼达在3号小床上。

 综上可知

1号是吉娜·基德,2天。

2号是丹尼尔·博尼,3天。

3号是阿曼达·纽康姆博,1天。

4号是托比·沙克林,4天。

小提琴手被谋杀

　　著名的小提琴手 M 直到演奏会开幕当晚,还没有决定是让他的

得意弟子 G 上台,还是 K 上台。开场前 15 分钟,M 终于决定让 G 上台。K 说自己很遗憾,但是他也没有多想什么,和 G 握手,预祝他演出成功。

开幕还剩下 5 分钟的时间,M 去后台关照 G,却发现 G 头部中弹,倒毙在地上。M 匆忙敲开舞台侧门将这一惨案报告给了尼克探长。

探长见开场时间已到,就努力劝 M 先别透露,继续演出。此时,M 走进 K 的化妆室。K 听到最后决定让他登台时,没有询问来由,只拉拉衣领,拿起琴和弓,随 M 登台去了。当听众如痴如醉地沉浸在精美的乐曲中时,尼克探长却拿起电话通知警察前来逮捕 K。

你知道探长为什么要逮捕 K 吗?

参考答案

从 K 的应对中,就可以知道其实他早就做好演出准备了。要是没有做好准备,他不会在听到 G 的死讯和自己准备登台的消息时,只是拉拉衣领。最起码,他会用松香擦擦琴弦,并且把琴调试一下。而他什么都没做,说明他对上台早有所准备。

整理信件

斯托贝瑞正在整理早晨要发送的信件,桌上的 4 封信都是寄给镇上的居民的。根据下面的信息,你可以找出每封信的收信人姓名以及收信人各自的完整地址吗?

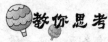 **教你思考**

1. 寄给本德先生的信挨着收信地址为 31 号的信，并在它的右边。

2. 4 封信中有 1 封信的地址是特纳芮大街 10 号。

3. 3 号信将会在今天早上稍晚时间寄给雪特小姐，她不住在斯达·德弗街。

4. 梅尔先生的地址号码比 1 号信封上的收信地址号码大。

5. 收信地址为 6 号的那封信与寄给格林夫人的那封信之间隔了一封信。

6. 寄到斯坦修恩路那封信的号码比它右边那封信的收信地址号码要大。

名字：本德先生，梅尔先生，格林夫人，雪特小姐

地址号码:6,10,31,45

街名:斯达·德弗街,斯坦修恩路,朗恩·雷恩街,特纳芮大街

提示:要先找出1号信封的收信人名字。

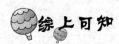 参考答案

3号信是寄给雪特小姐的(线索3)。由于1号信不是寄给梅尔先生的(线索4),也不是给本德先生的(线索1),因此它一定是给格林夫人的。根据线索5,3号信的收件人雪特小姐住在6号,但不可能在斯坦修恩路(线索6),也不是在斯达·德弗街(线索3)。10号在特纳芮大街(线索2),因此雪特小姐的地址是朗恩·雷恩街6号。线索1说明本德先生的信不是4号信,我们知道也不是1号或3号,那么一定是2号信,剩下4号信是寄给梅尔先生的。线索1告诉我们,1号信寄到31号,这样根据线索4,梅尔先生的地址是45号,剩下本德先生的地址是特纳芮大街10号。最后由线索6得知,斯坦修思路不是4号信上的地址,而是1号信上的地址,剩下斯达·德弗街45号是梅尔先生的完整地址。

综上可知

一号信是格林夫人,斯坦修思路31号。

二号信是本德先生,特纳芮大街10号。

三号信是雪特小姐,朗恩·雷恩街6号。

四号信是梅尔先生,斯达·德弗街45号。

谁是偷画人

一天，J探长收到大收藏家布雷利的邀请，请他到家里欣赏他刚刚收集到的一幅宝贵的名画。J探长平常也很喜好观赏名画，于是便欣然前往。他同布雷利很谈得来。

几天后的一个早晨，天空还没有完全亮起来，J探长晨练时从布雷利家的后门走过，远远地就望见一辆小汽车停在布雷利家门口，一个穿戴整齐的人从屋里走出来，塞给司机一个长方形的盒子，汽车很快就开走了，途中还撞翻了一只垃圾桶。J探长以为不合情理，便快走几步上了台阶，刚敲了一下门，布雷利就应声道："请进。"J探长推门而入，见布雷利正在穿衣服，只见他的左胳膊在外，右胳膊套在衣袖里。

J探长将刚才所发生的事一说，布雷利大吃一惊，马上穿好衣服来到收藏室，那幅价值连城的名画真的不见了。布雷利呆立在那儿，一动不动。

谁知，J探长笑了笑说："你是想得到保险金才把画送走的吧？"

J探长是怎么知道的呢？

参考答案

J探长是从一般人穿衣服都是先穿左胳膊的规律看出端倪来的。他推测布雷利正在脱衣，刚出去过。

两颗弹壳

有一次，华斯探长得到了大假。他到一个旅游胜地去旅行，住进了一家高级旅店二楼的客房里。他刚刚放好行李，准备出去走一走，突然从走廊中传来了女人的呼救声。

探长循声找去，站在 215 房间门前的一位年轻女士正在哭泣，从开着的房门可以看到房间里一个男子倒在消遥椅上，地上一片血迹。华斯探长对遗体做了简略的查勘后，确认此人刚刚去世，是子弹射穿心脏所致。

当地警署派人过来。那位年轻女士边哭边说："几分钟前，我们听到有人敲门。我刚一打开门，门外就有一个戴面具的人朝我丈夫开了枪，然后把枪扔进房间逃跑了。"

地毯上有一支装着消音器的手枪，左侧两个弹壳相距不远，在死者身后的墙上有一个弹洞。华斯探长通知警署人员："请把这位太太带回去讯问。"

华斯探长为什么会对死者的老婆产生怀疑呢？

参考答案

要是像年轻女士讲的那样，歹徒是在门外朝她丈夫开枪的，弹壳就不会落在房间里，也不会落在左侧。因为从自动手抢里飞出的弹壳，应该落在射手的右后方几厘米处。

心智的巅峰对决

陨落的明星

　　著名女歌星丽达在半夜时分,突然从她所住酒店的客房阳台坠落到地上而死亡。警察赶到现场进行调查,发现屋里没有遗书。丽达的死并不是自杀。现场调查表明,丽达是酒醉之后,不知什么原因爬过阳台栏杆,由那里滚落下来摔死的。

　　据了解,丽达生前不但没有酗酒的习惯,甚至很少喝酒。既然如此,丽达很有可能是被人推下来跌死的,但是酒店的服务员清楚记得,她的男友在事发的前半小时即 12:30 左右离开酒店,以后再也没有其

他人进过丽达的房间。

　　警察找到了丽达的男友，但是他拒不承认自己杀了丽达，而是说是因为他向丽达提出分手，丽达想不通跳楼自杀的。并且，他说丽达跳楼自杀的时间是半夜12:00，但他是半夜11:30便离开了，从时间上可以证明不是他杀的。警方经过一番的调查后，证明凶手就是丽达的男友。

　　请读者想想，凶手是怎样谋杀这位明星的？

参考答案

　　丽达事前就被人强行用酒灌醉，再放到阳台栏杆上。当她开始酒醒时，身体肯定会动弹，并且想从栏杆上爬起来，结果失足跌落下去。凶手就是她的男友。

有嫌疑的雨伞

　　在一个大雨滂沱的夜晚，M市发生了一起凶杀案，死者K某是被人用雨伞刺死的，但是，案发现场并没有找到杀人凶器。据目击者称，凶手行凶后，驱车向B市方向逃走。M市距B市只有15分钟的车程，M市警察根据目击者所描绘的逃犯的特征，前往B市追赶逃犯。他们一面追赶，一面请B市警察帮助办案。结果没有多久，怀疑犯就在B市被警方抓获。

　　警察将浑身湿淋淋的嫌疑人带回警署审问。警察问："B市也没

有下雨,你怎么浑身湿淋淋的?"

嫌疑人回答:"我刚从 M 市过来,那边正在下雨。"

警察说:"没错,M 市确实在下雨。那么,你手里的雨伞难道不能为你遮雨吗?"

嫌疑人擦了一下脸,说:"因为雨太大了,雨伞也没有挡住雨。"

警察说:"雨伞是可以挡住雨的,只是你没有用雨伞遮雨。"

嫌疑人还在诡辩,警察说了一句话以后,嫌疑人立刻默不作声,乖乖地交代了自己的罪行。那么,警察说了什么呢?

参考答案

警察说的是:"你用雨伞来挡雨,那你的雨伞为什么是干的?"雨伞淋了雨,应该是湿乎乎的,但是嫌疑人手中的雨伞却是干的。嫌疑人显然是在说谎。

项链盗窃案

一次,名侦探杰克去参加一个宴会。宴会非常热闹。就在大家热闹地议论种种话题时,宴会大厅的某处突然传来一声惊叫。众人纷纷围拢了过去,只见贵妇 S 太太正在上上下下地翻找着。

"发生了什么事情?"杰克问左右看热闹的人。此人回答道:"或是 S 太太的项链丢了吧!"杰克正欲询问,突然有人说:"啊,杰克也在这里啊,S 太太您应该让杰克来帮帮你,他可是有名的侦探啊!"

S 太太看看杰克,战战兢兢地说:"杰克,我名贵的项链不见了。"

杰克问了 S 太太关于项链的有关情况,并请大家帮他查找。然而,结果非常遗憾,他们查遍了在场的每一个人,都没有找到项链。

岂非项链会自个儿长腿跑走吗? 杰克在回家的路上重复地思考这个问题,突然他想到应该去珠宝店一趟,因为他听 S 太太描绘了一下丢失的项链的外形,并不知道这项链到底是什么样子的。

杰克来到珠宝店,询问 S 太太是否在这里买过某款项链。经理回忆了一下,然后说 S 太太的确是在他们的店里买过类似的珍贵项链,并且把项链的图片拿给杰克看。看完项链以后,杰克就得出了答案,知道了偷项链的人到底是谁。

参考答案

偷项链的人不是别人,正是 S 太太自己。因为照片上这款项链根本没有扣子。没有人能把项链从 S 太太的脖子上随便且不被察觉地摘下来,只有她本人能这么做。

失踪的邮票

有兄弟三人,他们共同的爱好就是收藏珍品。老大喜欢收藏古玩,老二喜欢收藏邮票,老三喜欢收藏书籍。他们家有一个很大的玻璃柜,大家都把珍藏品放在柜中共同欣赏。这个柜的钥匙放在一只很精致的小铁箱中,小铁箱藏到一个十分秘密的地方。

　　有一天,老二带着一个朋友回家,准备让他欣赏自己最近收藏的一张稀有的邮票。

　　老二当着朋友的面,从铁箱中取出钥匙并打开柜子,拿出了邮票给朋友欣赏。这位朋友也是个收藏家,他对这张邮票爱不释手,央求着老二高价转让给他,但老二坚决不同意,朋友只得作罢。老二又小心翼翼地把邮票放回柜中并锁好。

　　第二天,老二又想取出那枚邮票欣赏一番的时候,他吃惊地发现珍藏的邮票已经不翼而飞了,而柜子依然锁得很好。于是他立即报警,警方在现场并没找到一丝线索,因为凡是应该留下指纹的地方,包括钥匙上面,都被抹得干干净净。但是正因为如此,警方推断出邮票是老二的那位朋友偷去的。

你知道警方为什么这样推断吗？

参考答案

知道钥匙在什么地方的只有老大、老二、老三和老二那位朋友，而且老大、老二和老三用过钥匙都没必要抹去指纹，因为他们平时在上面已留有指纹，只有老二那位朋友唯恐留下指纹，所以才会抹去。

盗窃宝石的人

高斯从去世的祖母那边继承了一颗价值连城的宝石，他特意举行了一个热闹非凡的晚宴，邀请他的好朋友们来欣赏他的宝石，为此他还请了一个盲人乐队来助兴。

人们正在大厅里玩得热闹的时间，大厅里的灯突然灭了，但是乐队依然在演奏，直到有人大声喊出："别奏乐了。"他们才停止演奏。一分钟之后，灯突然又亮了起来。这时，高斯发现自己那枚的宝石不见了。他赶快报了警。

警察很快赶到了，他们仔细查勘了一遍现场，并没有发现任何疑点。因为现场保卫森严，小偷能在短短的一分钟之内将宝石偷走，说明他技艺不凡。警察队长突然快速奔跑，从放宝石的位置，跑到大厅的门口，他晓得在亮灯的环境里，用极快的速度也要 50 秒，何况在黑暗中，还得拿到宝石。他让部属问了大厅中的人，人们都说没有人在黑暗中感到异常。勘查完毕，警察队长已经知道了这个小偷就在大厅

中,并没有逃跑。

警察队长寻思了一下子,然后看着那支乐队,随即说道:"偷宝石的扒手就在这些乐队成员中间。"警察随即进行搜查,果然在一个乐队成员的乐器盒里找到了宝石。

那么,警察队长是怎么知道这个乐队的成员偷了宝石呢?

参考答案

这个乐队成员在停电以后,仍然奏乐,说明他们根本不知道停电。为什么不知道,因为他们全都是盲人。在停电后的一分钟之内,正常人的目力都难以穿越黑暗,而盲人却可以在黑暗中举止自若。所以,这些盲人自然可以轻松偷取宝石。

漏洞百出的谎言

M 街区近来正在更换照明电缆,有好几栋公司公寓受到影响。有一天晚上 11 点以后,位于 M 街区的謦者公寓突然停电了。第二天早上,人们在安全梯上发现了这栋大厦管理公司经理程小姐的遗体。程小姐被发现时,手中攥着一根皮包带子,据熟悉她的员工辨认,这是程小姐每天背的一款皮包上的带子。警察由此断定,这是一起抢劫杀人案。

公寓管理员回忆说:"当时程小姐掉头来的时候,我和她打了一个招呼。有一个男士几乎同时和她一起上了安全梯。程小姐不太坐电

梯,而喜好走楼梯,因为停电了,电梯也开不了。所以,正常人也是走楼梯。"

警察问:"这个和程小姐一起上安全梯的男子是个正常人吗?"

公寓管理员说:"是的,他是一个正常人。"

警察根据管理员的外貌,很快就找到了这名男子。男子说:"没错,那天晚上我是和程小姐一起上安全梯的,因为停电了,安全梯里也只有应急灯。路不好走,我怕程小姐摔着,还特意扶了她一段。"

警察说:"你明明在说谎!杀害程小姐,抢了她包的人便是你。你被逮捕了!"

那么,警察是怎么知道这个男子便是杀人凶手呢?

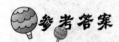 **参考答案**

程小姐是个盲人,停电对她来说根本不是问题。办理员已经说过,程小姐喜好走楼梯,根本不喜好坐电梯,所以她对安全梯应该是非常熟悉,根本没有必要让这个男子搀扶。这个男子显然在说谎。

关心兄长

约翰的兄长有一只脚有毛病,约翰每天下班都要去医院接兄长,然后再一起回家。

这一天,约翰又来到了医院。护士小姐说:"你哥哥正在做手术。"

约翰满不在乎地说:"那么,等他做完手术后我再来。"

　　从以上的这段对话来看,你是否觉得约翰这次对他的兄长太不关心了? 而约翰的确是非常爱他兄长的。

参考答案

　　一听到约翰兄长的脚有毛病,又提到了医院,你很容易就会想到他是病人,其实,约翰的兄长是名医生。所以不能说约翰这次不关心兄长。

摩托车供出劫匪

冬天的夜晚来得特别早,肖师傅的精品店里没有客人,所以他打算早早关门。当他收拾停当,回身准备拉下大门时,门外快步走进来一个人。此人打扮斯文,说是要买东西。肖师傅走到柜台,问他想买什么。

男子指了指在柜台里面的一个名贵水晶饰品。肖师傅拿出来,男子看了看,让肖师傅将礼物包起来。当肖师傅将收款机器打开,准备收钱的时候,男子却拿出了刀子,威胁肖师傅将收款机里所有的钱都拿出来,并且将几件贵重的礼物一起包好。

男子提着抢来的东西,跑出店门,肖师傅随后追了出去,看见劫匪骑上了一辆红色摩托车快速离去,肖师傅立即打电话报警。正巧这时,一辆巡逻的警车也开到了肖师傅的店门前。肖师傅指着劫匪逃去的方向,说明情况,警车随即追了过去。

很快,警察就追到了这辆红色摩托车。但经过检查,发现摩托车上并没有肖师傅说的那几件贵重的物品,且摩托车主身上也没有同等数额的现金,只有几十元钱和一张驾驶证。

警察们将肖师傅请来辨认。肖师傅吃惊地发现这个车主不是劫匪,但是摩托车却是劫匪的摩托车,因为他记得这辆摩托车的一个后灯上有一条明显的裂痕。

那么,这到底是怎么回事呢?劫匪到底去了哪里呢?

参考答案

这个打劫肖师傅精品店的劫匪确实是骑着红色摩托车逃跑的。在警察追捕他的过程中,他已经被同伙接应走了。同伙之中,有人继续驾驶这辆摩托车,为的是掩人耳目,帮助他逃脱警察的追捕。

四名军队成员

下图展示的是1644年克伦威尔·奥利弗领导的"护国军"中的4名成员。根据下面的线索,你能否填出每名成员的姓名、兵种以及各自所穿制服的颜色吗?

教你思考

1.伊齐基尔·费希尔所穿制服是灰色的,不过上面布满了灰尘和泥浆,他紧挨在鼓手的右边。

2.一名佩枪的士兵穿着又破又脏的棕色制服,他和末底改·诺森之间相隔着一个士兵。

3.1号士兵是个步兵,他不是法国人,是英国人。

4.4号士兵是所罗门·特普林。

5.吉迪安·海力克所穿的上衣不是蓝色的。

名字:吉迪安·海力克,伊齐基尔·费希尔,末底改·诺森,所罗

门·特普林

  兵种:炮手,步兵,鼓手,佩枪士兵

  制服颜色:棕色,灰色,蓝色,红色

  提示:要先找出伊齐基尔的位置。

 参考答案

  已知4号士兵是所罗门·特普林(线索4),根据线索1推测,穿着灰色外衣的伊齐基尔·费希尔一定是2号或3号士兵,鼓手是1号或者2号士兵。但是1号是个步兵(线索3),因此鼓手则是2号,伊齐基尔·费希尔是3号。现在我们已经知道一个士兵的兵种和另一个

士兵的上衣颜色,可以推断出穿棕色上衣的佩枪士兵(线索2)是4号士兵。然后通过排除法,穿灰色制服的伊齐基尔·费希尔是个炮手,根据线索2推测,2号鼓手必定是末底改·诺森,剩下的1号步兵是吉迪安·海力克。他的上衣不是蓝色的(线索5),那就是红色的,而2号鼓手末底改·诺森的制服则是蓝色的。

综上可知

1号是吉迪安·海力克,步兵,红色。

2号是末底改·诺森,鼓手,蓝色。

3号是伊齐基尔·费希尔,炮手,灰色。

4号是所罗门·特普林,佩枪士兵,棕色。

附录　思维小测试

四姐妹分工

姐妹四人去野餐,她们一个在烧水,一个在淘米,现在知道:大姐不挑水也不淘米,二姐不洗菜也不挑水。如果大姐不洗菜,四妹就不挑水,三姐既不挑水也不淘米,请问姐妹四人各自在做什么?

十人猜颜色

10个人站成一列纵队,从10顶黄帽子和9顶蓝帽子中,取出10顶分别给每个人戴上。每个人都看不见自己戴的帽子的颜色,却只能看见站在前面那些人的帽子颜色。

站在最后的第十个人说:"我虽然看见了你们每个人头上的帽子,但仍然不知道自己头上帽子的颜色。你们呢?"

第九个人说:"我也不知道。"

第八个人说:"我也不知道。"

第七个、第六个……直到第二个人,依次都说不知道自己头上帽子的颜色。出乎意料的是,第一个人却说:"我知道自己头上帽子的颜色了。"

请问:第一个人头上戴的是什么颜色的帽子? 他为什么知道呢?

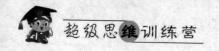

倒立的数字

有一个四位数,倒立着看时比原来多"7875",你能推断出原来这个数是几吗?

老板的损失

一个人拿了一张百元钞票到一家商店买了 25 元的商品,但商店老板没有零钱,找不开。老板便拿这张百元钞票到另一个商贩那里换了 100 元零钱,并找了顾客 75 元零钱。这个顾客拿着 25 元的商品和 75 元零钱走了。

没想到,这个商贩找到商店老板,说他刚才拿来换零钱的百元钞票是假钞。商店老板仔细一看,果然是假钞,只好又拿了一张真的百元钞票给了这个商贩。请问,在这个过程中,商店老板一共损失了多少钱?

奇怪的村庄

某地有两个奇怪的村庄,张庄的人在星期一、星期三、星期五说谎,李村的人在星期二、星期四、星期六说谎,其他日子他们都说实话。一天,外地的王从明来到这里,见到两个人,分别向他们提出关于日期的问题。两个人都说:"前天是我说谎的日子。"

如果被问的两个人分别来自张庄和李村,那么,这一天是星期几?

父子散步

父子两人一起散步。父亲的跨步比儿子的大,儿子走3步才能跟上父亲的2步。如果父子正好都用右脚同时起步,请问儿子走出多少步后,能和父亲同时迈出左脚?

半真半假

一个人有4个儿子,3个哥哥都生性顽劣,只有最小的弟弟善良淳朴诚实。不过二哥也还算善良,有时也会说实话。下面是他们关于年龄的对话。

A:"B比C年龄小。"

B:"我比A小。"

C:"B不是三哥。"

D:"我是长兄。"

根据以上的信息,你能判断出他们的年龄顺序吗?

国王与预言家

临上刑场前,国王对预言家说:"你不是很会预言吗? 你怎么不能预言到你今天要被处死呢? 我给你一个机会,你可以预言一下今天我将如何处死你。你如果预言对了,我就让你服毒死,否则,我就绞死你。"但是聪明的预言家的回答,使得国王无论如何也无法将他处死。请问,他是如何预言的?

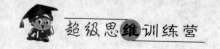

参考答案

四姐妹分工

答案：大姐洗菜，二姐淘米，三姐烧水，四妹挑水。

十人猜颜色

答案：黄帽子。解题思路：对于第十个人来说，他能看到 9 顶帽子，如果 9 顶帽子都是蓝帽子，他肯定知道自己戴的是黄帽子，而他不知道，说明前面 9 顶帽子至少有一顶帽子是黄帽子，即他至少看到了一顶黄帽子。第九个人也知道第十个人的想法，如果他没看到黄帽子，肯定知道自己戴的是黄帽子，而他也不知道，说明前面 8 顶帽子至少有一顶帽子是黄帽子，即他也至少看到一顶黄帽子。同理可知，第八个、第七个……直到第二个人，都至少看到一顶黄帽子。因此第一个人头上戴的是黄帽子。第一个人通过以上推理，可知自己戴的是黄帽子。

倒立的数字

答案：是 1986。

老板的损失

答案：老板损失了 100 元。老板与商贩换钱时，用 100 元假币换了 100 元真币，此过程中，老板没有损失，而商贩有亏损，为 100 元。老板与持假钞的顾客在交易时：100 = 75 + 25 元的货物，其中 100 元为兑换后的真币，所以这个过程中老板没有损失。商贩发现兑换的为假币后找老板退回时，用自己手中的 100 元假币换回了 100 元真币，这个过程老板亏损了 100 元。

奇怪的村庄

答案：这一天是星期一。可通过以下列表解这道题，列表如下：

	星期一	星期二	星期三	星期四	星期五	星期六	星期日
张庄	说谎		说谎		说谎		
李村		说谎		说谎		说谎	

从这个表中应该不难看出，张庄的人只有在星期日、星期一那样说，李庄的人只有在星期一、星期二那样说，因此这一天是星期一。

父子散步

答案：这对父子不可能出现同时迈出左脚的情况。从下图就可以看出：

父亲:右　　左　　右　　左　　右
儿子:右　左　右　左　右　左　右　左　右

半真半假

答案:四兄弟的年龄顺序为 A、B、D、C。说真话的(二哥和小弟弟)不可能说"我是长兄",所以,D 的话是假的,那么可知,D 不是长兄,而是三哥。那么,B 就不是三哥了,C 的话就是真的,C 就是二哥或者小弟。假设 A 说的是真话,C 和 A 就是二哥和小弟(顺序暂时未知),B 就是长兄了,则 A 又在撒谎,这是相互矛盾的。所以,A 是长兄。从 A 的话中可知(假话),B 是二哥,C 是小弟。

国王与预言家

答案:预言家预言说:"你将绞死我。"看似必死,其实不然。预言家如果预言:你不会处死我,国王肯定让他绞死,因为他预言错了。他如果预言:你会处死我,国王肯定让他服毒死,因为他预言对了。他想到这层后,便知道自己必死,他只能预言服毒死或绞死。如果预言服毒死,就预言对了,就会服毒而死。如果预言绞死,情况一,国王绞死他,预言正确,让他服毒死,矛盾;情况二,国王让他服毒死,预言错误,让他绞死,矛盾。因此国王无论如何都无法将他处死。